RE
35

AF503880

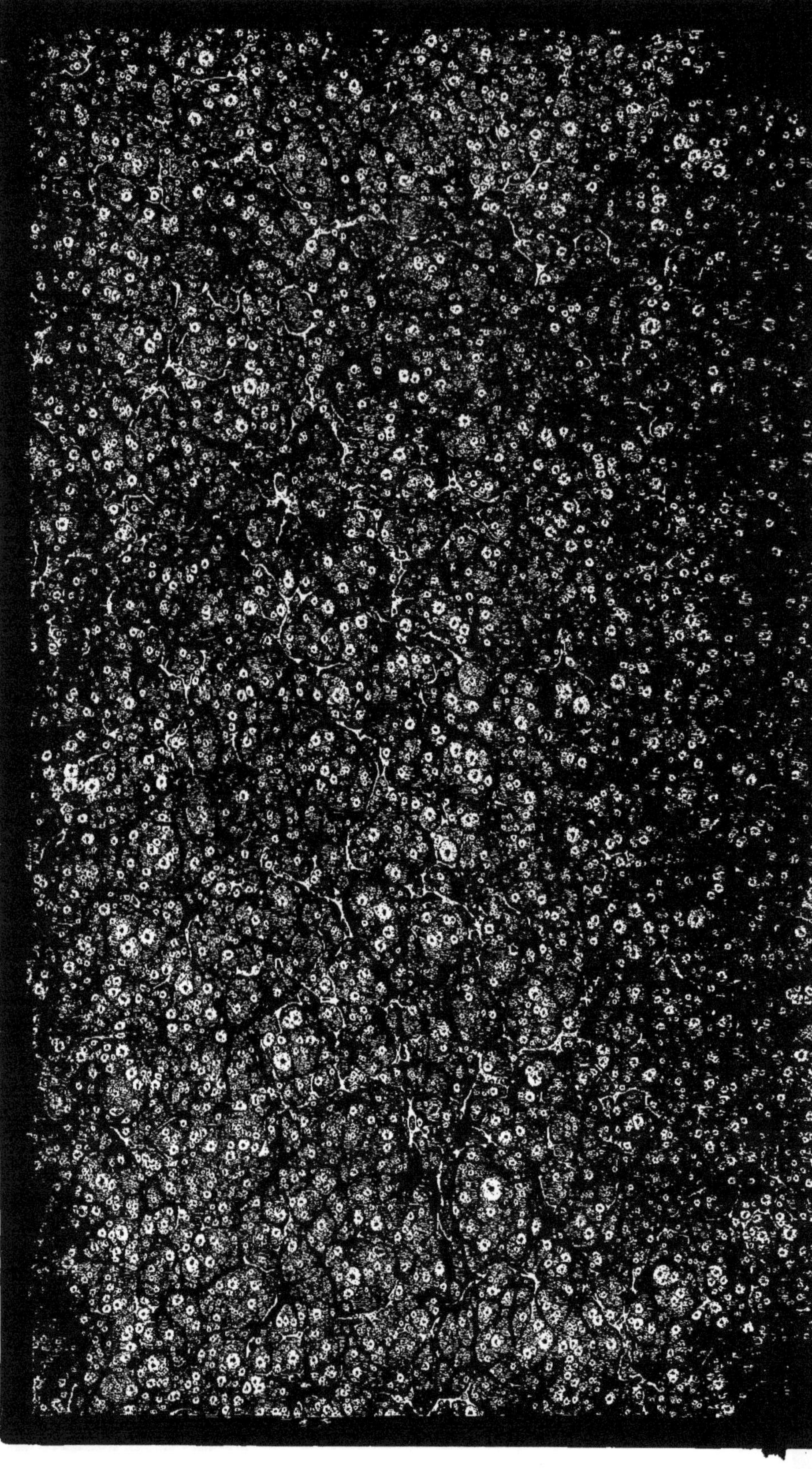

INTRODUCTION

A L'ÉTUDE DE LA

MÉCANIQUE PRATIQUE.

INTRODUCTION

A L'ÉTUDE

DE

LA MÉCANIQUE PRATIQUE,

A L'USAGE

DES ÉCOLES RÉGIMENTAIRES

et

DE L'ENSEIGNEMENT INDUSTRIEL,

Par P. Boileau,

LIEUTENANT D'ARTILLERIE, ANCIEN ÉLÈVE DE L'ÉCOLE POLYTECHNIQUE, MEMBRE DE L'ACADÉMIE ROYALE DE METZ.

Le travail guidé par l'intelligence est, après l'application de la morale évangélique, le plus puissant moyen de civilisation, et la voie la plus propre à conduire notre époque à la *conviction raisonnée* qui est la formule de l'avenir......

1835.

METZ.

S. LAMORT, IMPRIMEUR DE L'ACADÉMIE ROYALE.

1838.

AVANT-PROPOS.

De toutes les grandes idées dont s'honore notre siècle, celle de répandre les sciences exactes dans tous les rangs de la société est peut-être la plus féconde, la plus riche d'avenir, et celle qui le caractérise le plus noblement.

Essentiellement populaires par leur nature puisqu'elles renferment l'expression la plus générale et la plus abstraite de la vérité, beaucoup d'entre elles ne le sont pas encore dans leurs formes, parce qu'elles sont restées jusqu'à présent le privilége exclusif d'un petit nombre d'hommes initiés au prix de longs travaux : ce serait s'imposer une belle tâche que de consacrer ses efforts à les rendre accessibles à toutes les intelligences.

Il n'en est aucune pour laquelle cette proposition soit plus évidente que pour la mécanique ; aucune qui soit liée plus intimement à toutes les autres sciences, aucune qui puisse recevoir des applications plus étendues et plus utiles. Tout ce qui arrive dans le monde est le résultat de l'action d'une force ou de plusieurs : le mouvemeut préside à toute chose, depuis le plus sublime prodige de la nature jusqu'à l'opération la plus simple de l'art le plus humble ; si le mouvement n'est pas la vie, il en est à la fois le symtôme universel et la condition nécessaire. Aussi pourrait-on dire du domaine de la mécanique, qu'il est infini, comme la nature.

Mais en se renfermant seulement dans les bornes de l'application des principes de cette science aux besoins des arts, qui ne sera frappé de sa puissance et de son utilité, dans notre époque industrielle ? Les grands résultats obtenus de l'emploi des machines sont le plus éloquent éloge d'une science qui les a produites ; cependant ces résultats sont encore imparfaits et faibles relativement à ceux qu'ils font espérer :

Lorsque l'étude et l'enseignement de la mécanique auront ouvert le champ de la pensée à tous les esprits laborieux ; lorsque les principes de cette science seront entre toutes les mains un flambeau et un guide, lorsque *l'intelligence et le raisonnement auront été introduits dans tous les travaux des hommes*, l'industrie, et l'on peut dire la société entière, s'élèvera à de hautes destinées.

L'ouvrage dont on offre ici les premiers essais n'est qu'un faible tribut à de fermes convictions : l'auteur a été soutenu par l'espoir qu'elles trouveront quelque sympathie et dirigeront vers un but qu'il croit élevé et utile, l'attention d'hommes plus capables que lui de l'atteindre. Il a déjà été récompensé au-delà de son attente par les encouragemens de quelques hommes illustres dans la science et par l'approbation de la société studieuse et noblement zélée pour le bien qui lui a fait l'honneur de l'accueillir dans son sein.

Pour propager une science et lui faire porter des fruits utiles, il faut procéder par un enseignement simple et progressif des principes élémentaires et de leurs applications immédiates, non pas d'une manière isolée et abstraite, mais par une méthode féconde qui contienne le germe des développemens postérieurs. Or, pour une science éminemment pratique, comme la mécanique, c'est dans la marche de la nature et dans l'ordre des phénomènes réels qu'il faut chercher une telle méthode. Cette idée m'a servi de guide. Quant aux moyens de démonstration, j'ai cru devoir les fonder exclusivement sur la connaissance de l'arithmétique et de la géométrie élémentaire.

J'en ai étendu les ressources par l'emploi de la méthode des limites et de la notion de la continuité. Quoique beaucoup d'opinions respectables soient encore contraires à l'introduction de ces idées dans l'enseignement élémentaire, je n'ai pas hésité à les adopter, persuadé qu'elles peuvent fournir un moyen simple et général de démonstration et surtout de découverte ; que la continuité se trouve partout dans la nature et qu'on ne peut l'éviter ; que la notion en est beaucoup moins abstraite que celles du point, de la ligne, de la surface et des corps géométriques depuis si long-temps admises et dans lesquelles elle est d'ailleurs implicitement contenue *.

* Une décision du conseil royal de l'instruction publique, prise environ un an après que ce travail était achevé, autorise l'emploi de la méthode précitée dans l'enseignement universitaire.

INTRODUCTION

A L'ÉTUDE DE LA

MÉCANIQUE PRATIQUE.

IDÉE GÉNÉRALE DE LA CONTINUITÉ

ET DE LA MÉTHODE DES LIMITES.

La nature et les arts nous offrent fréquemment l'exemple de quantités ou grandeurs qui varient sans interruption de quantités si petites qu'elles sont absolument insensibles par elles-mêmes, et que le résultat seulement d'un nombre très-grand de ces variations a quelque valeur et peut être apprécié : on dit alors que ces quantités varient *d'une manière continue*, soit qu'elles croissent, soit qu'elles décroissent.

C'est ainsi que, si, dans un bassin extrêmement grand, aussi grand que la pensée peut le concevoir, on fait tomber une goutte d'eau de la ténuité la plus extrême, le niveau du liquide que contient ce bassin n'en sera certes pas élevé d'une quantité appréciable, et cependant cette quantité, quelque près du néant qu'elle soit, sera réelle, car si l'on ajoute sans interruption une suite de gouttes d'eau égales à la première, lorsqu'il en sera tombé un nombre extrêmement grand, le niveau sera élevé d'une quantité sensible qui sera la somme de toutes les élévations partielles insensibles dues à chaque goutte. Mais le raisonnement géométrique abstrait peut donner de la continuité une idée plus exacte encore quoique moins frappante.

Prenons pour exemple deux lignes droites **AM** et **BN** (Fig. 1) qui se rencontrent en **C** à une distance **BC** du point **B**; supposons que la ligne **BN** reste fixe ainsi que le point **A** de la ligne **AM**, et que cette ligne tourne sans interruption autour de son point fixe **A** comme autour d'un pivôt dans le sens indiqué par la flèche; il est évident que la ligne **AM** viendra couper la ligne **BN** successivement en tous les points de cette ligne à partir de **C**, de sorte que la distance **BC** augmentera point par point, et quoiqu'un point géométrique ait une longueur insensible, cependant l'accroissement de **BC** sera réel, car, bien qu'il soit sans valeur appréciable d'une position à l'autre de la ligne **AM**, lorsque cette ligne aura parcouru un nombre suffisant de ces positions et qu'elle sera venue, par exemple, en $AC_{\prime}$, le résultat, ou la somme $CC_{\prime}$, de tous ces accroissemens insensibles sera un accroissement appréciable. On voit d'ailleurs que l'angle **ACB** diminue aussi d'une manière continue, et que l'accroissement de la distance **BC** est lié d'une manière invariable au décroissement de cet angle, décroissement continu pour lequel on pourrait répéter ce qui vient d'être dit.

Lorsqu'une quantité croît ou décroît d'une manière continue, on peut la regarder comme s'approchant sans cesse de plus en plus d'une certaine valeur fixe au-delà de laquelle elle ne peut plus varier dans le même sens sans changer les conditions dans lesquelles elle a été primitivement considérée, c'est cette valeur fixe qu'on nomme sa *limite*.

Ainsi, dans l'exemple précédent, on voit bien que la ligne AM s'approche sans cesse dans son mouvement de devenir parallèle à la ligne BN, et que la distance BC s'approche sans cesse de devenir égale à la valeur qu'elle a quand AM est parallèle à BN, valeur qui est sa limite, car si AM continuait à tourner elle viendrait couper BN en des points situés à droite de B, et alors la distance de ces points à B décroîtrait au lieu de croître; donc la valeur que prend la distance BC quand AM est arrivée à la position AK parallèle à BN, est bien la limite de son accroissement. De même l'angle ACB a pour limite de son décroissement la valeur nulle qu'il prend quand AM atteint la position AK qui peut-être regardée aussi, sous le point de vue géométrique, comme la limite des positions successives de la ligne AM.

La méthode des limites consiste à placer les quantités, et en général les objets, que l'on considère, dans des conditions supposées qui rendent les recherches plus faciles, et dont les conditions véritables de la question soient les limites : on étudie la question dans ces hypothèses auxiliaires et l'on en déduit des propriétés ou des principes : puis on fait varier les conditions supposées d'une manière continue de telle sorte qu'elles s'approchent sans cesse des conditions véritables; on examine alors ce que deviennent dans ces variations les propriétés précédemment découvertes, et celles qui subsistent constamment dans le passage d'une valeur quelconque des quantités variables à la suivante, existent encore évidemment dans le passage de l'avant-dernière valeur à la valeur limite qui est celle des conditions véritables.

On aura bientôt l'occasion de faire de cette méthode une application importante qui en fera mieux connaître l'emploi et les ressources.

DÉFINITIONS.

Les phénomènes physiques, même les plus simples, présentent des circonstances si compliquées relativement à la faiblesse de notre intelligence, que l'étude en a été partagée entre plusieurs sciences.

La mécanique est une d'entr'elles.

Tout phénomène physique est accompagné de mouvement ou d'une tendance au mouvement neutralisée par une tendance contraire.

Nous avons tous le sentiment du mouvement, cependant pour en donner une définition précise on appellera ainsi: *l'action de passer d'un lieu dans un autre.*

Si, dans la partie inférieure d'un vase limité à sa partie supérieure par un couvercle ou piston mobile assez léger qui le ferme complètement dans toutes ses positions, on introduit de la vapeur d'eau, cette vapeur par sa force d'expansion poussera le piston et le fera changer de place, c'est-à-dire lui imprimera un certain mouvement. Mais si le piston devient assez lourd pour résister à la pression de la vapeur, il cessera de s'élever; sa tendance au mouvement d'ascension subsistera aussi grande qu'auparavant, cependant elle sera sans effet, étant neutralisée par la tendance contraire que lui imprimera son propre poids.

Lorsqu'un corps est ainsi sous l'influence d'impulsions contraires qui se neutralisent, on dit qu'il est en *équilibre.*

Or, si l'on revient au cas où le couvercle se mouvait, et si l'on en considère le mouvement en lui-même, ne voit-on pas qu'il aurait pu être également produit par l'expansion de toute autre vapeur que celle de l'eau, par la dilatation de l'eau elle-même ou d'un liquide quelconque, par l'action d'une machine ou le bras d'un homme qui aurait poussé le piston de bas en haut, ou qui l'aurait enlevé ; enfin par un nombre indéfini de moteurs différens, pourvu qu'ils tirassent ce corps ou le pressassent dans le même sens et avec la même énergie ?

Ce qui prouve que le mouvement ne résulte pas immédiatement de la présence des moteurs, mais d'une certaine cause développée ou transmise par chacun d'eux, cause indépendante de leur nature et ne variant qu'avec l'intensité de leur action.

Que l'on observe enfin les divers mouvemens qui se font dans la nature ou dans les arts, on reconnaîtra que toute espèce de mouvement considéré en lui-même est indépendant du genre des causes matérielles qui le produisent, mais ne dépend que de l'intensité ou de l'énergie avec laquelle ces causes agissent à chaque instant sur l'objet qui se meut.

La cause immédiate de tout mouvement est donc une certaine vertu indéfinissable, constante dans sa nature, qui peut être attribuée à un agent matériel quelconque, et qui, par conséquent est immatérielle elle-même quoiqu'inhérente à la matière et ne pouvant se manifester sans elle ; cette cause immédiate est ce qu'on nomme en mécanique : *force* ou *puissance*.

Ainsi en résumant, on appelle *mouvement* l'action de passer d'un lieu dans un autre.

Equilibre. L'état où se trouve un objet dont la tendance au mouvement est neutralisée.

Force. La cause immédiate de tout mouvement ou tendance au mouvement.

La mécanique est la science des forces, de l'équilibre et du mouvement.

Nous nous occuperons successivement de ces trois parties

dans le même ordre, qui est le plus naturel, comme on le verra bientôt. Cependant il y a une liaison si intime entre les forces et le mouvement, que nous avons cru devoir exposer d'abord quelques considérations destinées à la faire ressortir, et à poser des définitions qui plus tard auraient embarrassé notre marche.

CONSIDÉRATIONS PRÉLIMINAIRES

SUR LES FORCES ET LE MOUVEMENT.

L'observation continuelle et presqu'involontaire que nous faisons dès notre enfance de tous les mouvemens et de tous les efforts qui s'opèrent en nous et autour de nous, cette observation qui nous habitue à juger des forces par leurs effets, nous donne à tous le sentiment de la direction d'une force par celle du mouvement qu'elle fait naître.

Si nous voyons un homme élever un fardeau, ne disons-nous pas que la force musculaire qu'il développe se dirige suivant la corde ou la chaîne qu'il emploie? qu'elle s'exerce sur le fardeau au point où la corde y est attachée et que l'on nomme point d'application de la force? Enfin ne disons-nous pas que cette force qu'il développe est plus grande ou plus petite, c'est-à-dire plus ou moins intense selon l'effet plus ou moins grand que nous lui voyons produire?

Ainsi il est évident à tous que:

Toute force agit au point où elle est appliquée suivant une certaine direction, et avec une certaine intensité ou énergie.

Si d'ailleurs nous prenons la direction que suit un mobile sollicité par une force pour la direction de cette force, il s'ensuit réciproquement que:

Toute force qui agit seule sur un mobile l'entraîne dans sa propre direction.

Lorsqu'un objet quelconque est soumis à l'action de plusieurs forces ayant des directions différentes, chacune d'elles, agissant suivant sa propre direction, tend à entraîner suivant cette direction, le point de cet objet auquel elle est appliquée, et si cet effet n'a pas lieu, c'est qu'il y a entre ce point et ceux de l'objet, auxquels sont appliquées les autres forces, quelque liaison qui s'oppose à leur séparation, et au moyen de laquelle l'effort produit sur un point se transmet à tous les autres ; ainsi :

Lorsqu'une force n'agit pas seule sur un point elle tend à l'entraîner dans sa direction.

D'après la définition du mouvement il est évident qu'il ne peut avoir lieu sans que l'objet qui se meut parcoure ou décrive un certain chemin.

Supposons que cet objet soit un seul point auquel sont appliquées plusieurs forces ; chacune d'elles tend à l'entraîner dans sa propre direction, et le chemin qu'elle lui ferait parcourir si elle agissait seule sur lui serait dans cette direction même ; il s'ensuit que ce point tend à se mouvoir suivant plusieurs chemins à la fois, et comme il est absolument impossible qu'il le fasse, si d'ailleurs les efforts qu'il subit ne se neutralisent pas entre eux, il prendra nécessairement une certaine direction intermédiaire aux premières, et résultant du concours des forces qui lui sont appliquées ; direction qui variera ou restera constante pendant son mouvement selon le mode d'action de ces forces.

Il y a pour les forces divers modes d'action (Note *a*) soumis chacun à des lois différentes, mais qui toutes peuvent se déduire de celles que nous allons rechercher et qui conviennent aux cas où les forces restant pendant toute la durée du mouvement, dans les mêmes conditions de position et de grandeur relatives, font ou tendent à faire parcourir constamment, à l'objet qu'elles sollicitent, le même chemin dans le même temps. — Dans cette hypothèse, qu'il faut admettre *à priori* et dont on comprendra mieux plus tard la réalisation, la direction imprimée dès le premier instant au mobile restera constante.

Ainsi quand un point est sollicité à la fois par plusieurs forces, il se fait sur ce point avant que le mouvement ne commence une sorte d'opération entre les forces, qui a pour résultat de l'entraîner suivant une direction unique qui en conséquence lui serait également donnée par une seule force; cette opération est appelée, de même que toutes les opérations semblables : *Composition des forces.* Les forces primitives se nomment *composantes* et la force unique qui produit le même effet que l'ensemble des composantes s'appelle *résultante.*

Lorsque le mobile, au lieu d'être un seul point, est une ligne, un plan, ou un corps, et que des forces sont appliquées en différens points de cet objet, chacun de ces points tend à se mouvoir séparément suivant la direction de la résultante des forces qui le sollicitent, et comme il y a toujours entre les points d'un même objet quelque liaison qui les empêche de céder entièrement à ces tendances partielles, le mouvement que prend l'objet lui-même est le résultat d'une nouvelle composition: il n'en ressort plus toujours, comme de la première, une résultante unique, mais quelquefois plusieurs forces résultantes qui ne peuvent se combiner entr'elles, et sous l'action desquelles le mobile prend un mouvement composé du même genre que celui des corps célestes qui tournent sur eux-mêmes en s'avançant dans l'espace.

Toujours est-il que cette composition s'effectue et que

l'objet se meut comme il le ferait sous l'impulsion des résultantes qu'elle produit ; l'ensemble de ces résultantes se nomme *système résultant*, par opposition à l'ensemble des composantes qui s'appelle *système composant*, nom que l'on donne indifféremment à tout ensemble de forces composantes, le mot système signifiant : *ensemble*.

De même qu'un système composant quelconque peut toujours se réduire à une seule résultante ou se transformer en un système résultant plus simple, de même par une opération inverse tout système (ou ensemble) de forces peut être regardé comme un système résultant, et se transformer en un système composant ; toute force peut être regardée comme une résultante, et se décomposer en un système de composantes équivalent : Cette opération est ce qu'on nomme *décomposition des forces*.

Le premier problème que la mécanique doit résoudre est donc la composition, et par suite, la décomposition des forces.

Toutes les forces que la mécanique actuelle considère agissant sur des objets physiques, les propriétés de la matière dont ils jouissent, modifient toujours et changent quelquefois entièrement les effets que ces forces produiraient par leur seule action ; ces modifications et ces changemens sont accompagnés de circonstances assez compliquées pour qu'il ait fallu partager la solution du problème en deux parties : dans la première, qui appartient à la mécanique proprement dite, on suppose que ces forces agissent sur des objets purement géométriques, et libres dans l'espace, c'est-à-dire sans pesanteur, invariables de forme, et ne pouvant, dans le même système, changer leur position relative, enfin indépendans de toute circonstance particulière qui puisse avoir quelque influence sur l'action des forces. Ainsi il faudra, jusqu'à ce que nous avertissions expressément du contraire, se rappeler que nous raisonnons dans cette hypothèse, et les résultats généraux que nous obtiendrons approcheront d'autant plus de la réalité, qu'on les appliquera à des cas particuliers où les propriétés de la matière auront moins d'influence sur l'action des forces. Dans la seconde partie, qui appartient aux applications de la mécanique, on examine quelles sont les modifications apportées par les propriétés de la matière aux principes déduits dans la première partie. A cet effet, l'on considère chacune de ces propriétés comme une nouvelle force, on cherche, dans les sciences qui s'y rapportent, quel est leur mode d'action, et on les compose avec les forces étrangères, suivant les principes généraux que la mécanique enseigne.

Nous avons dit que la résultante d'un système de forces est une force qui produit à elle seule le même effet que l'ensemble des composantes; nous pouvons maintenant développer cette définition et dire comment elle doit s'entendre dans l'hypothèse qui vient d'être établie.

Quel que soit l'objet qui se meut, comme nous ne lui supposons aucune des propriétés de la matière, la rapidité de son mouvement dépend de l'énergie avec laquelle les forces qui le produisent agissent sur cet objet; on doit même dire qu'elle lui est proportionnelle, car ces forces sont alors les seules causes qui influent sur le mouvement, et l'on ne peut nier qu'en toute chose l'effet soit proportionnel à la cause. Mais n'est-il pas évident, par les mêmes raisons, que plus un mobile se meut rapidement et plus tôt il atteint son but? que de deux objets qui se meuvent dans le même temps ou dans des temps égaux, celui qui a le mouvement constamment le plus rapide parcourt l'espace le plus long? que s'ils se meuvent tous deux avec la même rapidité, ils parcourent tous deux des chemins de même longueur? que si l'un des deux a un mouvement 2, 3, 4.... etc. fois aussi rapide que l'autre, il parcourra un chemin 2, 3, 4.... etc. fois aussi long que celui-ci? et ainsi de suite; en un mot, que:

Dans le même temps, ou dans des temps égaux, les espaces parcourus sont proportionnels à la rapidité du mouvement.

Et comme cette rapidité est proportionnelle à l'intensité des forces qui sollicitent les mobiles, il s'ensuit que:

Dans un même temps, ou dans des temps égaux, les espaces parcourus sont proportionnels aux forces qui les font parcourir.

Ainsi pour qu'une force soit la résultante d'un système composant, il ne suffit pas qu'elle fasse prendre à l'objet auquel les forces de ce système sont appliquées, la même direction qu'il prend sous l'ensemble de ces forces, mais il faut encore qu'elle lui fasse parcourir, suivant cette direction, un chemin d'égale longueur, dans le même espace de temps; donc en définitive, on appelle résultante:

Une force qui, dans le même espace de temps, ferait parcourir au mobile le même chemin (en longueur et en direction) *qu'il parcourt ou tend à parcourir sous l'ensemble des actions composantes.*

Toutes les forces physiques connues exercent leur action suivant une ligne droite, et il faut le concours de plusieurs forces pour faire décrire une courbe à un mobile quelconque; ainsi quand une seule force sollicite un point, elle lui fait toujours parcourir une ligne droite dans la direction de son action: si l'on suppose que ce point appartienne à une ligne, à un plan, ou même à un solide, ce solide étant géométrique, sa présence n'apportera aucune résistance au mouvement du point, et par suite aucun changement dans les circonstances de ce mouvement ; en un mot, le point se mouvra comme s'il était seul : de plus, le solide, la ligne ou le plan sera entraîné par ce point et prendra le même mouvement que lui ; c'est-à-dire que chacun de ses points décrira un chemin parallèle à celui du point auquel s'appliquera la force, donc :

L'action et l'effet d'une force sont indépendans de la figure de l'objet qu'elle sollicite.

Si le mobile est sollicité par plusieurs forces, la forme et la grandeur qu'il pourra prendre entre leurs points d'application seront encore indifférentes par les mêmes raisons ; mais il n'en sera pas de même des lignes droites qui joindront ces points, car elles détermineront leurs distances et leurs positions relatives, et l'on conçoit facilement à l'avance que ces distances et ces positions influent au moins sur celle de la résultante ; mais, dans tous les cas, on pourra, d'après ce qui précède,

Faire abstraction du solide auquel appartiennent les points d'application des forces, et ne considérer que le polygone qui joint ces points.

Les forces agissant en ligne droite, et les espaces parcourus dans des temps égaux étant proportionnels aux forces qui les font parcourir, il s'ensuit que l'on peut toujours représenter la direction d'une force donnée par une ligne droite, et son intensité par une certaine longueur prise sur cette ligne à partir du point d'application de la force, longueur qui sera égale au chemin qu'elle ferait parcourir à ce point dans un temps donné ; toutefois cette force isolée ne sera complètement représentée de cette manière que quand on aura joint l'indication du temps pendant lequel on la supposera agir *. Mais si l'on

* Afin d'éviter toute objection sur le mode d'action des forces, il faudra quand nous dirons qu'elles agissent pendant un certain temps, entendre que *leur effet se prolonge* ou dure pendant ce temps.

à un système de forces, cette indication du temps deviendra inutile, car alors il ne sera plus nécessaire de représenter la valeur absolue de chaque force, mais sa valeur relative dans le système; on pourra donc représenter celui-ci par un système de lignes droites dirigées suivant l'action des forces, passant par leurs points d'application, et ayant des longueurs proportionnelles aux espaces que les forces feraient parcourir isolément à ces points dans le même temps ou dans des temps égaux.

Car, d'après la définition générale qui vient d'être donnée, la ligne qu'on obtiendra pour résultante sera la véritable résultante du système donné, quel que soit le temps pendant lequel on aura supposé que les composantes aient agi, pourvu que ce temps soit le même pour toutes, lorsqu'on fera varier ce temps, les lignes qui représentent les forces varieront de même en restant dans un rapport constant, et par suite la longueur relative et la direction de la résultante ne seront nullement modifiées. Ainsi : *La position et la direction d'une résultante sont indépendantes du temps pendant lequel ses composantes agissent, pourvu que ce temps soit de même durée pour toutes.*

Cette proposition va nous conduire à la découverte d'un principe nouveau qui facilitera beaucoup la solution du problème de la composition des forces, nous remarquerons auparavant qu'il ressort des observations précédentes :

Que nous ne considérons des forces que leurs effets constans sur des objets purement géométriques, que nous substituons aux forces de chaque système les effets qu'elles tendent séparément à produire dans un temps quelconque, mais le même pour toutes ; que nous n'aurons à raisonner et à opérer que sur des figures géométriques, et sur les rapports des effets des forces entre eux, rapports qui sont des nombres abstraits du domaine de l'arithmétique : les effets des forces et de leurs résultantes auront par conséquent une relation intime et nécessaire avec les propriétés de ces figures et avec celles de ces nombres et pourront s'en déduire.

Enfin nous terminerons ces considérations préliminaires en indiquant l'usage qui sera fait de quelques expressions et de quelques signes conventionnels qui ne sont en eux-mêmes d'aucune importance, mais qui rendront notre langage plus simple et plus concis.

On supposera que les forces tirent ou entraînent leurs points d'application. Cette supposition ne nuit en rien à la généralité des résultats, car dire que la force F (Fig. 2) tire le point *a* revient à dire qu'elle lui fait parcourir un chemin dans le sens *a* F ; dire qu'elle le pousse revient à dire qu'elle lui fait parcourir un chemin dans le sens contraire. Lors donc qu'on aura dans un système réel, des forces qui pousseront et d'autres qui tireront leurs points d'application, il suffira de remplacer les premières par des forces égales et agissant dans un sens contraire ou diamétralement opposé, en tirant leurs points d'application, et les résultats n'en seront aucunement modifiés.

Nous représenterons toujours les forces composantes par les lettres F ou f ou par ces mêmes lettres avec des accents comme F', F'', etc. F_1, F_2, etc., et leurs résultantes par R ou r, etc.

Nous verrons bientôt que quand deux forces F, F', agissent dans des directions contraires suivant la même ligne ou suivant des lignes parallèles, leur résultante est égale à leur différence $F - F'$; c'est pourquoi la plus grande étant représentée par F nous représenterons l'autre par $(-F')$ et en général le signe (—) placé devant la lettre qui représentera une force indiquera que cette force est à *soustraire*.

Lorsque des forces tendront à produire des mouvemens diamétralement opposés, comme (F et —F′) nous les appellerons *forces contraires*.

Lorsque des forces agiront suivant des directions parallèles nous les appellerons *forces parallèles*.

Quand des forces parallèles (F″—F′) agiront dans des sens inverses nous les appellerons *forces inverses*. Quand elles agiront dans le même sens comme F″, F, nous les appellerons *forces concordantes*.

Quand les lignes droites marquant les directions des forces passeront toutes par un même point, nous appellerons celles-ci *forces concourantes*.

COMPOSITION ET DÉCOMPOSITION DES FORCES.

PRINCIPES FONDAMENTAUX.

Toute science est fondée sur des vérités évidentes par elles-mêmes, sur des *axiomes* dont la conviction naturelle ou plutôt l'instinct a été donné à l'homme pour servir de base à ses recherches et à ses découvertes qui n'en sont jamais qu'une déduction logique.

Nous avons déjà eu l'occasion d'énoncer quelques-uns des axiômes qui servent plus particulièrement de bases à cette partie de la mécanique, nous allons les répéter ici, avec les autres, afin d'en présenter l'ensemble.

1° Toute force qui sollicite un point tend à l'entraîner dans sa propre direction.

2° Un point ne peut se mouvoir suivant plusieurs directions à la fois.

3° Toute force peut être regardée comme agissant en un point quelconque de sa direction.

Remarque. — Il faut bien se rappeler pour comprendre le troisième axiôme, l'hypothèse dans laquelle nous nous sommes placés. Qu'importe en effet, dans un système quelconque de forces F et F'' (Fig. 2) que le point d'application de F'' soit en *b*, en *c*, en *d* ou en *e*, puisque la ligne *c*F'' étant sans pesanteur et inextensible la force F'' entraînera tous les points de cette ligne dans sa direction et avec la même énergie, quelle que soit sa longueur.

D'après les observations qui ont été présentées précédemment, tous les cas du problème de la composition des forces se résument dans l'énoncé suivant :

« Etant donné un système de forces dont on connaît » les points d'application, les directions et les intensités » relatives, trouver les points d'application, les directions » et les intensités relatives de leur résultante ou de leur » système résultant. »

Et tous les cas du problème de la décomposition dans celui-ci :

« Etant donné une force ou un système de forces » dont on connaît les points d'application, les directions » et les intensités relatives, trouver les points d'applica- » tion, les directions et les intensités relatives d'un système » de forces équivalent, ou dont l'ensemble produise le » même effet. »

Remarque. — Ces deux énoncés semblent avoir quelque chose de défectueux, en ce que, d'après l'axiome 3° une force n'a pas de point d'application particulier ; mais nous continuerons à appeler ainsi certains points de la direction des forces qui sont plus propres que les autres à en fixer la position dans le système.

Quant à l'intensité relative des résultantes ou des compesantes, il suit encore de nos considérations préliminaires que le problème est susceptible de deux solutions, l'une géométrique qui donnera cette intensité relative par une construction graphique; l'autre arithmétique qui la donnera par une opération de calcul; or, la première ne suffirait pas dans les applications, car son exactitude dépendrait de l'habileté du dessinateur et du degré de précision des instrumens qu'il aurait employés; il faudra donc que nous donnions aussi la solution arithmétique: pour cela nous exprimerons par des nombres les longueurs qui représentent, dans la solution géométrique, les effets que les forces données tendent à produire dans le même temps; ceux des résultantes seront exprimés aussi par des nombres et la nature des opérations de calcul qui les feront obtenir sera déterminée par le raisonnement et par la considération des liaisons qui existeront entre les différentes parties de la figure géométrique du système.

Mais, comme il est important d'obtenir des solutions générales qui conviennent à tous les exemples particuliers, de même que les longueurs qui représentent les forces dans cette figure peuvent varier indéfiniment pourvu qu'elles conservent entre elles le même rapport, de même il faudra que nous représentions nos forces dans la solution arithmétique, non point par des nombres particuliers, mais par des signes généraux susceptibles de varier comme les longueurs précitées; de sorte que les résultats obtenus ne seront que des indications de calculs ou des *formules générales*, et pour en faire usage, il faudra remplacer dans ces formules les signes qui exprimeront les quantités données par les valeurs particulières qu'elles auront dans le cas dont on s'occupera, et en effectuant sur ces valeurs ou sur ces nombres les calculs indiqués par les formules, on obtiendra, pour ce cas, les valeurs particulières des résultantes ou des composantes, selon qu'on s'occupera d'un problème de composition ou de décomposition. Les formules générales sont en un mot une sorte de moules toujours prêts à recevoir les données particulières de chaque cas et les matériaux fournis par l'expérience.

Nous pouvons maintenant commencer la déduction des principes qui résultent de ces axiomes et de ces considérations préliminaires.

PRINCIPES DE LA COMPOSITION DES FORCES.

PREMIÈRE PARTIE.

Composition* des systèmes de forces qui ont une seule résultante.

§ I. PRINCIPES GÉNÉRAUX.

4° *Tous ces systèmes produisent un mouvement rectiligne et les points qui leur sont invariablement liés décrivent des lignes droites parallèles à la direction de la résultante unique.*

5° *Tous les systèmes de forces agissant dans un même plan jouissent de cette propriété, et la résultante se trouve dans le plan des composantes.*

En effet nous avons déjà fait voir que les systèmes de forces agissant sur un même point ont une seule résultante et deux forces **F F'** (Fig. 1) dont les directions se

* La décomposition des forces se déduisant immédiatement de leur composition, nous n'indiquerons que celle-ci dans les énoncés des divers cas que nous allons examiner.

rencontrent sont dans ce cas : de plus leur résultante est dans le plan qu'elles déterminent puisqu'aucune cause n'agit pour en faire sortir le point auquel elles sont appliquées. Si l'on suppose maintenant que l'une d'entre elles F' tourne d'une manière continue autour d'un de ses points P comme pivot dans le sens indiqué, la direction de cette force s'approchera sans cesse de devenir parallèle à celle de la force F. Or, dans toutes ces positions le système qu'elle forme avec F a une seule résultante, et cette propriété subsiste évidemment dans le passage d'une position quelconque à la suivante; elle subsistera donc dans celui de l'avant-dernière position, à la position limite qui est celle du parallélisme : donc deux forces parallèles ont, comme deux forces concourantes, une résultante unique.

Remarque. — L'opération que nous venons d'indiquer s'appelle *composition successive*; elle constitue une méthode qui sert à la composition d'un système de plus de deux forces, il en ressort cette conséquence importante que :

6° *Tous les systèmes de forces agissant deux à deux dans un même plan ont une seule résultante.*

Soit maintenant un système de forces ayant une résultante unique et formé seulement, pour plus de simplicité de deux composantes quelconques F et F' appliquées aux points A et B (Fig. 3) : supposons que la force F agisse d'abord seule pendant un certain temps quelconque, elle fera parcourir au point A un certain chemin en ligne droite A*a* entraînant avec elle la ligne AB qui viendra se placer parallèlement à sa première position en *a'b'* où elle sera sollicitée, comme en AB, par les forces du système; si à ce moment la force F cesse d'agir, et que, sans aucune interruption, la force F' (appliquée maintenant suivant $b\mathrm{F}_1$ parallèle à BF′) commence son action, et la continue pendant le même temps, elle fera mouvoir le point b suivant cette direction et lui fera parcourir dans ce temps un chemin $b\mathrm{B}$, dont la longueur sera avec Aa dans le rapport des forces F′ et F ; la droite ab viendra se placer parallèlement à elle-même suivant $\mathrm{A}_1\mathrm{B}_1$ qui sera la position de la droite AB après que les deux forces auront agi successivement sur elle pendant des temps égaux. Or, on voit que la position relative que prend un point quelconque du système par suite de ces actions (celle de B par exemple), est indépendante de la longueur du temps et des chemins parcourus, mais ne dépend que du rapport $\frac{\mathrm{B}b}{b\mathrm{B}_1}$ de ces derniers, lequel est constant, puisqu'il est égal à celui des forces; si donc, partant de la position A_1 B_1 comme on est parti de AB on continue à faire agir les forces successivement pendant des temps quelconques, mais égaux deux à deux, le point B viendra se placer successivement après chaque ensemble d'actions en B_2, B_3, etc., déterminés par la construction de triangles semblables à $\mathrm{B}b\mathrm{B}_1$, donc toutes les lignes BB_1, $\mathrm{B}_1\mathrm{B}_2$, $\mathrm{B}_2\mathrm{B}_3$, seront sur le prolongement l'une de l'autre et ne formeront qu'une seule et même ligne droite. De plus, si l'on suppose que la durée des actions successives des forces diminue d'une manière continue, on obtiendra des points c_1, c_2, etc., de plus en plus rapprochés entre eux, mais toujours situés sur la ligne droite $\mathrm{BB}_1\mathrm{B}_2\mathrm{B}_3$. Or, ces temps finiront par être assez petits et les points assez rapprochés pour qu'on puisse regarder les forces comme agissant simultanément et les points comme formant une suite continue qui sera encore la ligne droite $\mathrm{BB}_1\mathrm{B}_2\mathrm{B}_3$, etc., laquelle sera par conséquent parallèle à la résultante du système et donnera sa direction. Il est d'ailleurs évident que ce qui précède pourrait s'appliquer à un nombre quelconque de forces, ainsi pour tout système ayant une seule résultante :

Les points obtenus en supposant que les forces composantes agissent successivement pendant des temps égaux appartiennent au chemin que le mobile parcourt ou tend à parcourir sous l'action continue et simultanée de ces forces.

Quant à la position de la résultante, on voit qu'il suffira de connaître un point par où elle doit passer.

Quant à son intensité relative, si celles des composantes sont représentées par les longueurs AF, BF′ et qu'on suppose que ces forces agissent successivement pendant des temps égaux à celui qu'elles emploieraient à faire parcourir individuellement à leurs points d'application les longueurs AF et BF, on obtiendra la position extrême $A_2 B_2$ de la ligne AB par la construction d'une figure AF A_2 semblable aux premières, dans laquelle la longueur de la ligne droite BB_2 représentera l'intensité relative de la résultante puisque cette force ferait évidemment parcourir au mobile un chemin égal à BB_2 dans le même temps que les composantes FF′ lui feraient parcourir des chemins respectivement égaux à AF et BF′ *.

* On n'a pas donné à cette démonstration une forme plus générale, parce qu'elle l'aurait rendue obscure; mais on comprendra facilement qu'elle pourrait s'étendre, ainsi que le principe qui en est l'objet, à la détermination par points, du chemin décrit sous l'impulsion d'un système quelconque, pourvu que ces points fussent connus et liés entre eux par une ou plusieurs relations qui resteraient invariables quand on ferait varier la durée des actions successives des composantes de ce système.

COROLLAIRES.

Il résulte de ces principes généraux que :

8° *La résultante d'un nombre quelconque de forces qui agissent suivant la même ligne droite est égale à la somme de celles qui agissent dans un certain sens, diminuée de la somme de celles qui agissent dans le sens contraire, elle agit suivant leur direction commune et dans le sens de celles qui fournissent la plus grande somme.*

9° *La résultante de deux forces appliquées à un même point sous un angle quelconque est représentée en intensité et en direction par la diagonale du parallélogramme formé sur les lignes qui représentent ces forces en intensité et en direction.*

10° *La résultante de deux forces et en général d'un nombre quelconque de forces parallèles est égale à la somme de celles qui agissent dans un certain sens diminuée de la somme de celles qui agissent dans le sens contraire. Elle agit suivant une direction parallèle à celle des composantes et dans le sens de celles qui fournissent la plus grande somme.*

Nous allons maintenant développer ces trois propositions, établir la liaison qui existe entre elles et en tirer des conséquences utiles ; puis nous ferons voir qu'elles renferment tous les cas de la composition des systèmes de forces qui produisent un mouvement rectiligne.

§ II. *DES FORCES QUI AGISSENT SUIVANT LA MÊME LIGNE DROITE.*

Soit le système des forces $\mathbf{F}$, $\mathbf{F}'$, $\mathbf{F}''$, etc. $-\mathbf{F}_1$ $-\mathbf{F}_2$, etc. (**Fig.** 4), représentées en grandeur relative par les longueurs Aa, Aa', Aa'', Aa_1, Aa_2, etc. Supposons que les forces $\mathbf{F}$, $\mathbf{F}'$, $\mathbf{F}''$ agissent d'abord successivement seules pendant le temps qu'il faut à chacune d'elles pour faire décrire au point A la longueur qui la représente ; il s'avancera dans le sens Aa d'une quantité égale à la somme des longueurs Aa, Aa', Aa'' ; puis si l'on fait agir les forces $-F_1$, $-F_2$ pendant le même temps, le point A parcourra dans le sens contraire Aa, un chemin égal à la somme des longueurs Aa_1, Aa_2, de sorte qu'il se trouvera, après que les forces auront ainsi toutes agi sur lui pendant des temps égaux, s'être avancé réellement d'une quantité égale à la différence de ces deux sommes et dans le sens des forces qui produisent la plus grande longueur qu'il parcourait sous l'action simultanée et continue de ces forces pendant le temps prescrit et qui représentent par conséquent l'intensité de la résultante.

Telle est la solution géométrique de cette composition, la solution arithmétique en est évidemment, en désignant par R l'intensité de la résultante,

$$\text{(A)} \quad R = F + F' + F'' + \text{etc.} - (F_1 + F_2 + \text{etc.}).$$

Cette proposition étant d'une grande simplicité et presqu'évidente par elle-même, nous avons pu en profiter pour la présenter de suite sous sa forme la plus générale, ce qui est la méthode la plus directe et la plus prompte. En faisant maintenant dans l'énoncé des principes et la formule qui précèdent, des suppositions convenables, on en déduira tous les cas particuliers qui peuvent se présenter : ainsi, si l'on avait à composer un système semblable contenant seulement des forces agissant dans le même sens, l'énoncé se modifierait évidemment en disant que :

11° *La résultante d'un nombre quelconque de forces agissant dans le même sens, suivant la même ligne droite est égale à leur somme et agit dans le même sens suivant leur direction commune.*

Quant à la solution arithmétique, il faudrait donner dans la formule générale une valeur nulle aux forces $-\mathbf{F}_1$ $-\mathbf{F}_2$ et on aurait :

$$\mathbf{R} = \mathbf{F} + \mathbf{F}' + \mathbf{F}'' + \text{etc.}$$

On trouverait de même que :

12° *La résultante de deux forces contraires est égale à leur différence ; elle agit suivant leur direction commune dans le sens de la plus grande,*

Principe dont la traduction numérique est :

$$\mathbf{R} = \mathbf{F} - \mathbf{F}_1$$

Enfin que :

13° *Deux forces égales et contraires ont une résultante nulle et produisent l'équilibre.*

$$\mathbf{R} = \mathbf{F} - \mathbf{F} = 0.$$

Remarque. — On voit que toutes les fois que, dans un système quelconque, il se trouvera deux forces égales et contraires, on pourra en faire abstraction et les considérer comme si elles n'existaient pas.

Application numérique. — Supposons qu'on ait besoin de connaître la résultante de trois forces agissant dans le même sens, suivant la même ligne droite, et dont l'une, si elle sollicitait seule le point d'application, lui ferait parcourir une longueur égale à 4 (peu importe que ce soit 4 mètres, ou 4 pieds, ou 4 toises, etc.) pendant le même temps que la seconde lui ferait parcourir une longueur égale à 7, et la troisième une longueur égale à 5, il faudrait mettre ces nombres dans la formule ou valeur générale de R, à la place de trois des lettres qui sont les expressions générales de la valeur arithmétique des composantes, et mettre zéro à la place des autres, puisqu'il n'y a que trois composantes, on aurait alors $R = 4 + 7 + 5$, et en effectuant le calcul indiqué, qui est l'addition de ces trois nombres, on obtiendrait, pour la valeur de la résultante 16, ce qui veut dire que cette résultante ferait parcourir au point d'application un espace égal à 16 dans le même temps qu'il faudrait aux trois composantes agissant séparément, pour lui faire parcourir des espaces respectivement égaux à 4, à 7 et à 5; ou bien, ce qui revient au même, que les effets des composantes sont, avec celui de la résultante, dans le même rapport de 4 à 16 pour l'une, de 7 à 16 pour la seconde, de 5 à 16 pour la dernière.

Décomposition. — Réciproquement, une force F étant donnée, si l'on voulait la décomposer en un certain nombre de forces agissant dans le même sens et suivant la même direction, il est évident qu'il faudrait et qu'il suffirait que les composantes cherchées, étant ajoutées ensemble formassent une somme égale à la force F (Fig. 4); d'où il suit que toutes ces forces seraient arbitraires entre certaines limites, excepté l'une d'elles qui serait égale à la différence entre la force résultante et la somme des autres composantes; et l'on voit maintenant qu'il faudrait que cette dernière somme fût plus grande que zéro et plus petite que F. Ainsi, pour la solution géométrique, on prendrait, à partir de a sur aF, des longueurs quelconques aF', $F'F''$, $F''F'''$ etc., et la dernière composante serait ce qui resterait (comme $F'''F$) de la longueur totale aF. Pour obtenir la solution arithmétique, on remplacerait dans la formule $R = F + F' + F'' +$ etc., R par la valeur donnée de F, et F, F', F'', à l'exception de la dernière par des valeurs arbitraires (dans les limites précitées) on aurait alors $F = F' + F'' + F''' + (F^{iv})$ par exemple F^{iv} serait déterminée en faisant la somme $F' + F'' + F'''$ et la retranchant de F, ainsi l'on aurait $F^{iv} = F - (F' + F'' + F''')$.

Si l'on voulait donc décomposer une force dont la valeur relative serait 16, en trois autres forces agissant dans le même sens et suivant la même direction, il faudrait, puisque cette force donnée doit être la résultante des forces cherchées, faire $R = 16$ dans la formule générale donner des valeurs arbitraires à F, F' (4 et 7 par exemple) et l'on aurait $16 = 4 + 7 + F''$ d'où : $F'' = 16 - (4 + 7) = 16 - 11 = 5$.

On a pensé que ces détails feraient mieux comprendre les observations générales exposées précédemment sur les valeurs relatives des composantes et de leurs résultantes, et sur l'emploi des formules qui sont, comme on l'a déjà dit en d'autres termes, une sorte de moules élastiques qui s'étendent indéfiniment ou se resserrent selon la quantité des matériaux particuliers qu'on y jette et produisent des résultats plus ou moins grands, mais d'une forme constante et conservant toujours les mêmes proportions.

On se dispensera d'expliquer la décomposition relative aux autres cas ; il sera plus utile de la laisser à faire comme exercice ainsi que les applications numériques.

§ III. *DES FORCES DONT LES DIRECTIONS SE RENCONTRENT.*

Soient d'abord deux forces F et F' (Fig. 5), sollicitant le même point A. En faisant agir ces forces successivement pendant un temps égal à celui qu'il leur faudrait respectivement pour faire décrire au point A les longueurs AF et AF' des lignes qui les représentent en directions et en intensités relatives, on voit que ce point viendrait se placer définitivement en R qui appartient à la direction de la résultante ; ainsi cette force est représentée en intensité et en direction par la ligne AR * qui est la diagonale du parallélogramme AFF'R ; figure qu'on appelle pour cette raison *parallélogramme des forces*.

Décomposition. — Les deux triangles AFR ARF' qui forment le parallélogramme des forces étant égaux et inversement placés par rapport à AR la construction de ce parallélogramme ne dépend, dans tous les cas, que de celle d'un de ces triangles. Si donc l'on connaît une force R et qu'il s'agisse de la décomposer en deux autres, telles que F et F' le problème se réduira à la construction du triangle AFR ayant la force donnée R pour base : et comme il y a cinq manières différentes de construire un triangle quelconque, on pourra avoir aussi à opérer la décomposition de cinq manières différentes selon que, par les données de la question, on connaîtra en même temps que la force à décomposer : 1° l'angle des composantes et la valeur d'une de ces forces ; 2° les angles que doit faire la force résultante donnée avec les composantes ; 3° les valeurs de ces composantes ; 4° une de ces forces et l'angle qu'elle doit faire avec la résultante ; ou enfin : 5° une de ces composantes et l'angle que doit faire l'autre avec la résultante. On voit qu'il y aura dans chacun de ces cas, trois données, nombre nécessaire pour déterminer la construction d'un triangle ; si l'on en connaissait moins que trois, le problème serait indéterminé, et il y aurait un nombre indéfini de solutions, car on pourrait choisir arbitrairement les données qui manqueraient en restant toutefois dans les limites entre lesquelles la construction du triangle serait possible. La question étant ainsi ramenée à un problème de géométrie élémentaire, nous ne devons pas la pousser plus loin. Le principe du parallélogramme des forces étant le plus

* D'après le principe fondamental de la composition des forces, p. 29.

important et comme la pierre angulaire de tous les autres, nous allons le développer avec soin, afin de mettre en évidence les propriétés diverses qu'il renferme.

Supposons d'abord que les deux composantes fassent entre elles un angle aigu. Abaissons, des points F' et F des perpendiculaires F'B et FC à la diagonale AR; les longueurs AB et AC sont les projections* des forces

* Lorsqu'on abaisse de deux points quelconques C et D d'une ligne quelconque, des perpendiculaires CP et DQ (Fig. 7) sur une autre ligne, la partie de cette ligne comprise entre les pieds P et Q de ces perpendiculaires s'appelle la *projection* de la première ligne sur celle-ci. Il peut arriver que l'une des extrémités de la ligne qu'on projette soit sur l'autre (comme A par exemple), alors l'une des perpendiculaires est nulle. Le premier cas peut toujours se ramener à celui-ci; car si l'on mène par le point C, entre les perpendiculaires CP et DQ, une ligne CS parallèle à PQ elle lui sera égale. Supposons maintenant que toutes ces lignes soient droites et situées dans un même plan; si l'on projette différentes parties AC, AD, AE, etc. de AH, sur AB, les triangles rectangles CAP, DAQ, EAG, etc. seront semblables, et l'on voit que les longueurs AC, AD, etc. seront dans un rapport constant K avec leurs projections, de sorte que

$$AC = AP \times K, \quad AD = AQ \times K \quad \left(\text{ou } AQ = AD \cdot \frac{1}{K}\right), \text{ etc.}$$

rapport qui dépend de l'angle HAB; car si cet angle varie et devient H'AB les triangles C'AP, D'AQ, etc. seront bien semblables entre eux, mais non plus aux premiers et le rapport K sera différent. Revenons à ceux-ci; on a

$$\frac{AQ}{AD} = \frac{AP}{AC} \quad \text{d'où} \quad AQ = AD \cdot \frac{AP}{AC} = AD \cdot \frac{1}{K};$$

et si l'on prend AC égale à l'unité de longueur on aura

$$AP = \frac{1}{K};$$

il faudra donc, pour chaque angle donné, prendre sur la ligne à projeter une longueur AC égale à l'unité de longueur, puis mesurer sa projection AP, on aura le nombre ou *module* constant $\frac{1}{K}$ par lequel il faudra multiplier toutes les lignes qu'on voudra projeter sous cet angle pour sur cette ligne ; or, la diagonale AR = AC + CR, mais les deux triangles ABF′, FCR sont égaux comme ayant les trois angles et un côté respectivement égaux, donc AB = CR et AR = AC + AB ; si l'on désigne donc la projection AC par p et AB par p' on a :

$$R = p + p'.$$

Ainsi :

14° *La résultante d'un système de deux forces appliquées à un même point, sous un angle aigu est égale à la somme des projections des composantes sur sa direction.*

On voit déjà que le principe (9°) renferme implicitement le principe (11°) appliqué au cas de deux forces, car si l'on suppose dans le premier que l'angle des deux composantes soit nul, leur direction se confond avec la diagonale de leur parallélogramme et leurs longueurs avec celles de leurs projections.

Les projections AC et AB des forces F et F′ sur la ligne AR sont appelées aussi *forces estimées* suivant cette ligne, et l'on voit que l'on peut substituer aux forces données ces forces estimées ainsi, en les regardant comme agissant, dans la direction qui va du point d'application au pied de la perpendiculaire projetante, direction que nous appellerons encore pour abréger *le sens de la projection**.

en conclure leurs projections. Ce module constant est ce qu'on nomme ordinairement le *cosinus* de l'angle auquel il correspond, on l'écrit alors *cos.* en plaçant à sa droite l'indication de cet angle, ainsi $\frac{1}{K}$ = cos. HAB ; nous l'appellerons plus généralement *coefficient de projection* et nous donnerons des tables où les cosinus ou coefficiens de projection sont calculés à l'avance et où on les trouvera à côté des angles de projection correspondans.

* Remarque. — Si l'on mène par le point A une perpendiculaire ff' à AR et qu'on forme les parallélogrammes AfFC, Af'F′B on voit que

Voyons maintenant quelles variations subit la valeur de la résultante quand l'angle des composantes varie.

Les triangles ABF, FCR (Fig. 6), étant égaux, BF′=FC; réciproquement, si des composantes AF et AF′ sont disposées relativement à une ligne AR de telle sorte que les perpendiculaires projetantes de ces forces sur cette ligne soient égales, la résultante des premières est dirigée suivant la dernière : en effet, si par le point F on mène une parallèle FR à la ligne AF′, elle coupera AR en un certain point R et les deux triangles rectangles FCR, ABF′ seront encore égaux, donc AB=CR, d'où il résulte que AC=BR; donc si l'on joint F′ et R par une ligne droite, le triangle rectangle BF′R qu'on obtient est égal à AFC, donc FR est égale et parallèle à AF′ et la figure AFRF′ est un parallélogramme dont AR est la diagonale.

On peut donc faire varier l'angle des composantes sans que la direction de la résultante varie; il suffit pour cela de faire en sorte que les perpendiculaires projetantes des premières soient égales entre elles dans chaque position.

Menons en conséquence deux parallèles HM′, *hm* à la direction SAR de la résultante, et à des distances *c*H, B*h* de cette résultante, égales entre elles et à AF′, nous pourrons, entre *hm* et SAR, puis entre HM et SAR, supposer intercalées une infinité de parallèles (telles que *h′i′* et HI′, *gg′* et GG′) qui soient deux à deux équidistantes

chacune des composantes F et F′ peut se décomposer en deux, dont l'une est cette force estimée suivant la diagonale AR et l'autre *f* ou *f′* la même force estimée suivant la perpendiculaire *ff′* à cette diagonale; or les deux lignes BF′ et FC étant égales il en est de même de A*f′* et A*f*, donc les forces *f* et *f′* étant égales et contraires se neutralisent et représentent ce que les composantes F et F′ perdent de leur action par suite de leur manière d'agir. Nous engageons à suivre les variations de cette perte relativement à l'angle d'action des composantes, dans la discussion qui suit.

de SAR, et si nous décrivons sur SAR des demi-circonférences SKS′, sms' ayant A pour centre, AF′ et AF pour rayons, elles couperont respectivement chacune des parallèles en deux points (comme i et i', I et I′); joignons maintenant le point A à deux points d'intersection quelconques (I et i par exemple) correspondant à une même longueur des perpendiculaires projetantes; les lignes AI, Ai représentent un système de composantes respectivement égales aux composantes données, et dont la résultante est égale à la somme des projections AP, Aq.

Si maintenant l'on part du point où l'angle des composantes est nul et où la résultante confondue avec les composantes est égale à leur somme, et qu'on s'élève d'une manière continue en faisant croître cet angle jusqu'à considérer les points m et N fournis par les deux parallèles extrêmes HM et hm, on voit que plus l'angle des composantes augmente, plus la valeur de la résultante diminue, de sorte que lorsque cet angle est devenu MAm (ou que la plus petite des deux composantes est perpendiculaire à la direction de la résultante), la valeur de cette résultante n'est plus égale qu'à la projection de la plus grande composante.

Jusqu'ici nous n'avons considéré que les positions des composantes situées au-dessous de la ligne mAK; si l'on continue à faire varier celle de F′ au-dessous de AK et que l'on élève au contraire F au-dessus de Am, on verra que dès qu'elle dépasse Am, sa projection se fait au-dessus du point d'application A, de sorte que si l'on considère, par exemple, le point I et son correspondant i, la résultante AR′, ou la diagonale du parallélogramme formé sur les composantes AI et Ai' sera évidemment égale à AP — Ap' (car les triangles R′IP et A$i'p'$ sont égaux); de plus, cette résultante agira dans le sens A......R′ de la plus grande projection ou de la plus grande force estimée suivant RS.

Par ce mouvement de la force F′, l'angle des composantes augmente continuellement et la valeur de la résultante diminue; car la demi-circonférence SKS étant décrite avec un rayon plus grand que l'autre, les parties telles que NP que gagne la résultante sont plus petites que les parties correspondantes telles que Ap' qu'elle perd.

Si l'on considérait les points au-dessous de Am avec les points au-dessus de AK, on obtiendrait des résultantes deux à deux égales aux précédentes, mais symétriquement placées par rapport à la ligne mK.

Enfin la considération simultanée des points situés au-dessus de Am et au-dessus de AK, donnerait des résultats égaux et symétriques à ceux qu'on a obtenus d'abord au-dessous de ces mêmes lignes.

Il ressort de ces considérations que :

Pour les mêmes forces composantes, la résultante est la plus grande possible quand l'angle des composantes est nul, qu'elle diminue à mesure que cet angle augmente, et qu'elle est la plus petite possible quand cet angle est égal à 200° ou à deux angles droits; et en général que :

15° *La résultante d'un système de deux forces appliquées à un même point sous un angle quelconque, est égale à la somme ou à la différence des projections de ces forces sur la diagonale de leur parallélogramme, selon que ces projections tombent d'un même côté ou de côtés opposés du point d'application : cette résultante agit dans le sens de la plus grande projection.*

Ainsi, l'on peut toujours substituer aux forces données ces mêmes forces estimées suivant la diagonale de leur parallélogramme. Le principe (9°) renferme donc implicitement le principe (8°), appliqué au cas de deux forces;

car quand, dans le premier, qui est vrai pour tout angle des composantes, on suppose que cet angle est nul ou égal à 200°, les composantes se confondent avec la diagonale de leur parallélogramme et sont égales à leurs projections sur cette ligne; on retombe alors sur l'un ou l'autre des principes (11° 12° et 13°); voyons si cela est encore vrai quand les composantes sont en plus grand nombre.

Soient F, F', F'' (Fig. 8), ces composantes représentées en grandeur et en direction par les lignes AF, AF', AF'' situées ou non dans un même plan; on peut remplacer le système des composantes F et F' par leur résultante r ou Ar; donc la résultante totale R des trois composantes est celle des forces r et F''; or AR ou R est égale à la somme des projections AB' et AK de ces forces; mais AB' elle-même est égale à la somme des projections AC' et $C'B'$ des composantes F et F'; donc la résultante R des trois forces est égale à la somme des projections de ces forces sur la diagonale du parallélogramme formé sur l'une de ces forces et la résultante de toutes les autres; et si l'on représente ces projections ou les forces ainsi estimées par p, p', p'',

$$R = p + p' + p''.$$

Or, d'après ce qui a été dit, dans la discussion précédente, il pourrait arriver que Ar fût égale à la différence des projections des composantes F et F' sur cette droite; alors AK serait aussi égale à la différence de leurs projections sur la droite AR; il pourrait encore arriver que cette ligne AK, comme projection de la composante r du parallélogramme $rARF''$, tombât sur le prolongement AS de AR, alors la somme $p + p'$ devrait être prise, en sens contraire de p'' et retranchée de celle-ci, ou réciproquement.

Et comme ce qui précède pourrait être étendu à un nombre quelconque de composantes et à tous les cas particuliers que leur composition successive pourrait présenter, il s'ensuit que :

16° *La résultante totale d'un nombre quelconque de forces agissant en un même point, sous des angles quelconques, est égale à la différence entre la somme des projections de ces forces qui tombent d'un même côté du point d'application et la somme des projections qui tombent du côté opposé, sur la diagonale du parallélogramme formé avec l'une quelconque des composantes et la résultante partielle de toutes les autres.*

Elle agit suivant cette diagonale dans le sens des projections qui donnent la plus grande somme.

Ainsi p, p', p'', etc., étant les longueurs des projections qui se font dans un même sens et p_1, p_2, p_3, etc. étant celles qui tombent dans le sens contraire :

$$\text{(B)}\quad R = p + p' + p'' + \text{etc.} - (p_1 + p_2 + p_3 + \text{etc.})$$

Or, le principe (8°) et la formule A ne sont autre chose que ce dernier principe, et cette dernière formule générale appliqués au cas particulier où tous les angles des composantes sont nuls ou égaux à deux droits. Ce qui semble d'ailleurs évident par soi-même, lorsqu'on observe que toutes les composantes d'un système tel que ceux qui nous occupent n'agissent réellement sur leur point d'application commun que comme ces forces estimées suivant une même ligne droite, et perdent toute la partie de leur action qui n'est pas dirigée suivant cette ligne, en efforts qui se contrarient et se neutralisent mutuellement par suite du mode d'application de ces forces.

En un mot, nous voyons déjà que le principe du parallélogramme des forces renferme implicitement tous les cas de la composition des forces dont les directions passent par un même point.

Solutions arithmétiques. — La formule (B) ne peut être regardée comme une solution arithmétique, puisque la valeur de la résultante n'y est pas exprimée au moyen des données de la question qui sont les valeurs relatives des composantes et les angles qu'elles forment entre elles, il resterait donc à exprimer les projections au moyen de ces quantités ; or, quoique ces projections s'obtiennent géométriquement avec la plus grande facilité, leur expression générale, telle qu'il nous la faudrait, ne peut être dégagée de certaines quantités trigonométriques dont nous sommes obligés de nous interdire l'emploi ; les cas suivans font seuls exception :

1° Si le système est composé de deux forces F et F faisant entre elles un angle droit, le triangle FAF′ dont dépend le parallélogramme des forces est rectangle, et la résultante en étant l'hypoténuse on a

$$R^2 = F^2 + F'^2 \quad \text{ou} \quad R = \sqrt{F^2 + F'^2}.$$

2° Si le système est composé de trois forces F, F′, F″ non situées dans un même plan et dirigées de telle sorte que chacune d'elles soit perpendiculaire au plan des deux autres, la composition partielle de F et F′ donne $r^2 = F^2 + F'^2$, mais F″ étant perpendiculaire au plan FAF′ est perpendiculaire à Ar qui passe par son pied dans ce plan, donc la composition de r et de F″ donne $R^2 = r^2 + F''^2$ d'où il résulte que

$$R^2 = F^2 + F'^2 + F''^2 \quad \text{ou} \quad R = \sqrt{F^2 + F'^2 + F''^2}.$$

3° Si le système est composé de deux forces agissant sous un angle quelconque (Fig. 8), abaissons sur AF ou son prolongement la perpendiculaire RD, supposons l'angle **FAF'** des composantes aigu, son supplément **AFR** sera obtus et l'on aura, en vertu d'un théorème connu de géométrie,

$$\overline{AR}^2 = \overline{AF}^2 + \overline{FR}^2 + 2FD \times AF;$$

mais **FD** est la projection de **RF** sur la ligne **AFD** c'est-à-dire de **F'** sur **F**. Si donc $\frac{1}{K}$ est le coefficient de projection relatif à cet angle qui est donné on aura

$$FD = RF \times \frac{1}{K}.$$

Ainsi en remplaçant les lignes **AF**, **AF'**, etc. par les forces qu'elles représentent $R^2 = F^2 + F'^2 + 2FF'\frac{1}{K}$, si l'angle des composantes était obtus, la valeur de R^2 serait

$$F^2 + F'^2 - 2FF'\frac{1}{K},$$

donc en général

$$R = \sqrt{F^2 + F'^2 \pm 2FF'\frac{1}{K}}.$$

4° Si le système se compose d'un nombre quelconque de forces situées dans un même plan, la composition successive opérée suivant les règles précédentes donnera la valeur numérique de la résultante définitive **R**.

Enfin pour compléter la solution arithmétique de ce problème, il faut, étant connue la valeur de la résultante, pouvoir déterminer sa position relative ou les angles qu'elle fait avec les composantes. Or menons (Fig. 8) la perpendiculaire **F'E** à **AF** nous aurons **AD** = **ED** ± **AE** selon que le point **E** tombera sur **AF** ou son prolongement ou que l'angle **FAF'** sera plus petit ou plus grand qu'un angle droit. Or on voit que **AD** est la projection $R.\frac{1}{K'}$

ou $R \cos RAF$* de R sur AF, $ED = F'R = F$, $AE = AF' \frac{1}{K}$ ou $F \cos FAF'$ donc

$$R \cos RAF = F \pm F' \cos FAF',$$

c'est-à-dire que

La projection de la résultante de deux forces sur l'une d'elles est égale à celle-ci plus ou moins la projection de l'autre.

On en déduit d'ailleurs

$$\cos RAF = \frac{F \pm F' \cos FAF'}{R}$$

le coefficient de projection de l'angle RAF étant connu par cette relation, on en conclura facilement l'angle lui-même (voyez la table).

Ces cas sont ceux qui se présentent le plus souvent dans les applications, d'ailleurs on ne doit pas regretter la solution arithmétique générale, car elle mène à des formules trop compliquées pour être utiles; de plus les valeurs en nombres des quantités trigonométriques ne pouvant s'obtenir exactement, n'offrent pas même l'avantage principal que nous nous sommes proposé en recherchant les solutions arithmétiques.

Décomposition. — Quant à la décomposition dans le cas de plus de deux forces, elle se ferait d'une manière analogue à celle qui a été déjà indiquée, soit par les décompositions successives d'une force en deux autres, soit par la décomposition simultanée de la force donnée en toutes ses composantes, selon les conditions du problème.

Enfin, nous terminerons cet article en déduisant du principe du parallélogramme des forces, trois propriétés importantes des résultantes, qui sont communes à tous les cas des forces appliquées dans un même plan.

* Voyez la note de la page 36.

1° D'un point quelconque i (Fig. 9) pris sur la direction de la résultante des deux forces F et F', abaissons les perpendiculaires i P et i P' à celles de ces forces et joignons le point i aux points F et F' : l'aire du triangle $AiF = \frac{1}{2} AF \times iP$; celle du triangle $AiF' = \frac{1}{2} AF' \times iP'$; or ces triangles peuvent être considérés comme ayant pour base commune Ai et pour hauteurs les perpendiculaires projetantes FC, F'B qui sont égales; ainsi les aires de ces triangles étant égales on a

$$AF \times iP = AF' \times iP' \quad \text{ou} \quad iP : iP' :: AF' : AF :: F' : F.$$

c'est-à-dire que

(17°) *La ligne qui marque la direction de la résultante de deux forces appliquées à un même point sous un angle quelconque, a tous ses points situés à des distances des directions des composantes, inversement proportionnelles aux intensités de ces forces*; ou en d'autres termes :

(17° bis) *Les produits des composantes par leurs distances à un point quelconque de la direction de la résultante sont égaux.*

2° Divisons l'angle des forces en deux parties égales par la bissectrice AC (Fig. 10), et abaissons du point R une perpendiculaire BRCD sur cette directrice; le triangle BAD est isocèle, et par conséquent il en est de même des triangles F'RD, FBR qui lui sont semblables, et l'on a BR : RD :: FB : F'R, mais FB = FR, donc BR : RD :: F' : F; de plus si l'on mène une parallèle quelconque B'R'C'D' à BRCD on a :

$$B'R' : R'D' :: BR : RD :: F' : F$$

donc :

(18°) *La résultante de deux forces appliquées à un même point sous un angle quelconque divise une per-*

pendiculaire quelconque à la bissectrice de cet angle en deux parties inversement proportionnelles aux intensités des composantes.

De plus si la force F′ au lieu d'agir dans le sens A...F′ agissait dans le sens contraire AF, la résultante du système serait AR_1 qui couperait BD en H, BD′ en H′, etc., menons R_1bd parallèle à ces droites ; les deux triangles R_1Fb, BFR sont semblables, de plus $R_1d = RD$ comme parallèles comprises entre d'autres parallèles, donc

$$R_1b : R_1d :: F' : F, \quad HB : H'D :: F' : F, \text{ etc.}$$

donc en général :

(18° bis) *La résultante de deux forces appliquées en un même point sous un angle quelconque coupe une perpendiculaire quelconque à la bissectrice de cet angle ou de son supplément en un point distant de ceux où les composantes coupent cette même perpendiculaire, de quantités inversement proportionnelles aux intensités de ces forces.*

3° Enfin, il ressort de cette proposition une autre propriété assez remarquable, c'est que si le point A (Fig. 11) d'application des composantes se transporte en un point quelconque A′ de la bissectrice A′AC′ les forces restant d'une intensité constante et leur direction passant toujours par les points B′ et D′ d'une perpendiculaire quelconque à cette bissectrice, la résultante passera toujours par le même point R′ de cette perpendiculaire ; il en serait de même pour le point R_1'' de la figure 10.

§ IV. DES FORCES PARALLÈLES.

Les composantes F′ et F au lieu d'être regardées comme appliquées à leur point de rencontre peuvent être considérées comme agissant aux extrémités **B'** et **D'** de la ligne **B'D'**.

Considérons donc deux forces **F** et **F'** (Fig. 12) situées dans un même plan et agissant aux extrémités **A** et **B** d'une droite **AB** perpendiculaire à la bissectrice **KK'** de l'angle **AOB** que leurs directions font entre elles.

Soit **C** le point d'application de leur résultante **R**, si l'on suppose que leur point de rencontre **O** glisse d'une manière continue le long de **KK'** dans le sens **O....K'**, les systèmes successifs que ce mouvement produira ne différeront entr'eux que par l'inclinaison des composantes sur **AB** et leurs résultantes passeront toutes par le point **C**.

Les triangles tels que **AOB** resteront toujours isocèles ; les angles à la base toujours égaux, et la somme des trois angles égale à deux droits.

L'angle au sommet **O** diminuera d'une manière continue et s'approchera sans cesse d'être nul, par conséquent la somme des angles à la base s'approchera sans cesse d'être égale à deux droits et les composantes d'être parallèles.

Et comme on suppose que l'angle **O** diminue d'une manière continue, on conçoit qu'il y aura un moment où il sera nul.

A cette limite les composantes seront parallèles, la résultante passera encore par le point **C** qui divise la droite **AB** en parties inversement proportionnelles aux intensités de ces forces et qui divise de même toute droite **A'B'** à laquelle on pourrait les supposer appliquées, donc :

(19°) *La résultante de deux forces concordantes divise la droite qui joint leurs points d'application en parties inversement proportionnelles aux intensités de ces forces.*

Et si l'on répète ici les raisonnement faits, page 31, on voit que :

(19° bis) *Cette résultante est égale à la somme des composantes et concordante avec elles*

$$R = F + F'.$$

Si les composantes, au lieu d'agir comme F et F' agissaient inversement comme F et f, les résultantes successives dans toutes les positions du point O sur la bissectrice KK' passeraient toujours par un même point H tel que HA : HB :: f : F ; ainsi en continuant les considérations du cas précédent et appliquant le raisonnement connu pour l'intensité de la résultante, on verrait que :

(20°) *La résultante de deux forces inverses est égale à leur somme ; elle est concordante avec la plus grande et située en dehors de leurs directions à des distances inversement proportionnelles à leurs intensités*

$$R = F - f.$$

Remarques. — 1° Les principes 19° et 20° renferment implicitement celui que nous avons déjà démontré pour les forces concourantes, savoir : que les produits des composantes par leurs distances à un point quelconque de la direction de la résultante sont égaux.

2° Lorsque deux forces parallèles (Fig. 13) sont égales, leur résultante est située à égale distance des directions de ces forces ; si elles sont concordantes, elle a son point d'application au milieu de la ligne qui joint les deux autres. Si elles sont inverses (auquel cas le système qu'elles forment se nomme un *couple*), le point d'application C de la résultante devant toujours être situé en dehors des directions des composantes, la première condition ne pourra être satisfaite en même temps, car la distance AB de ces directions mettra toujours une différence entre les distances du point C aux points A et B ; ainsi la position de ce point devrait remplir à la fois deux conditions qui sont incompatibles entre elles, à moins qu'on ne le suppose placé à une distance tellement grande que la longueur AB ne soit absolument rien par rapport à cette distance*.

D'un autre côté, il est évident que l'intensité de la résultante est nulle, et par conséquent elle devrait pouvoir s'appliquer en un endroit quelconque, ce qui ne s'accorde pas encore avec ce qui précède.

Ces contradictions font des couples une sorte de systèmes obscure et indéterminée dont il est impossible (et d'ailleurs indifférent) d'assigner d'une manière précise les effets dans les hypothèses générales et abstraites où nous nous sommes placés.

Soit maintenant un système quelconque de forces parallèles F F′ ($-F_1$) F″ etc., (Fig. 14), situées ou non dans un même plan, on trouvera par la composition successive de ces forces deux à deux la résultante générale R du système et son point O d'application. La conséquence évidente de cette opération est que :

(21°) *La résultante d'un système quelconque de forces parallèles est égale à la somme de toutes celles qui agissent dans un certain sens diminuée de la somme de celles qui agissent dans le sens inverse. Elle est parallèle aux composantes et agit dans le sens de celles qui fournissent la plus grande somme. Sa direction est située dans le plan de l'une quelconque des composantes et de la résultante partielle de toutes les*

* Lorsqu'une quantité est ainsi tellement grande qu'on ne peut la modifier en lui ajoutant ou lui retranchant une quantité ordinaire quelconque, on l'appelle *quantité infinie* ; les autres se nomment *quantités finies*.

autres à des distances de ces forces inversement proportionnelles à leurs intensités respectives

$$R = F + F' + F'' + \text{etc.} - (F_1 + F_2 + \text{etc.})$$

Remarques. — 1° On voit que ce dernier principe renferme le principe (8°) auquel il se réduit quand on suppose que les distances des composantes deviennent nulles. D'un autre côté on a déjà vu qu'il est lui-même un cas particulier du principe général (16°), dans lequel on suppose nuls les angles des composantes. Ainsi, *le principe du parallélogramme des forces* contient en lui tous ceux que nous avons déjà exposés.

2° La position du point O ne dépend que des grandeurs relatives des composantes et de leurs distances entr'elles, mais nullement de l'inclinaison de ces forces sur les droites qui joignent leurs points d'application; par conséquent si l'on suppose que ces forces tournent autour de ces points sans cesser d'être parallèles et de conserver les mêmes relations de grandeur; ou que, ces forces restant fixes, le polygone qui joint leurs points d'application s'incline plus ou moins par rapport à leur direction commune, la position du point O restera constamment la même, et de plus, si les forces sont concordantes, il se trouvera nécessairement dans l'intérieur du polygone précité. Ce point invariable se nomme *centre des forces parallèles.*

Décomposition. — Si l'on avait à décomposer une force donnée F (Fig. 15) en deux autres concordantes avec elle et agissant à des distances données de sa direction, il faudrait lui mener une perpendiculaire AB, prendre CA et CB égales à ces distances, puis mener en A et en B des parallèles à CF, on aurait ainsi la direction et la position des forces; quant à leurs grandeurs relatives, en les désignant par f et f', il faudrait que $F = f + f'$ et que $f' : f :: CA : CB$; la valeur de f' qui satisfait à cette proportion est

$$f' = f\frac{CA}{CB}, \quad \text{donc} \quad F = f + f\frac{CA}{CB} = f\left(1 + \frac{CA}{CB}\right),$$

ainsi

$$f = \frac{F}{1 + \frac{CA}{CB}},$$

et comme $f' = F - f$

$$f' = F - \frac{F}{1 + \frac{CA}{CB}}.$$

Si, au contraire, f' et f étaient données on remarquerait que la proportion précédente peut s'écrire

$$f + f' : f :: CA + CB : CB \quad \text{ou} \quad F : f :: AB : CB ;$$

on déduirait encore de la même proportion

$$F : f' :: AB : CA\text{*};$$

ainsi les valeurs des distances cherchées seraient

$$CA = AB \times \frac{f'}{F}, \quad CB = AB \times \frac{f}{F}.$$

Si les composantes devaient être inverses, la plus grande f agirait dans le sens de la force donnée F et la décomposition se ferait comme il vient d'être dit, en observant pourtant que la plus petite f' devrait changer de signe ou être à retrancher.

* Si la distance AB n'était pas donnée, on pourrait la prendre arbitrairement, et le système composant pourrait être placé d'une infinité de manières différentes, quoiqu'il y ait autant de conditions données que dans le cas précédent, ce qui s'explique en observant que cette distance n'a ici aucune influence sur l'effet du système.

Si l'on donnait moins de conditions, en choisissant arbitrairement celles qui manqueraient, on aurait autant de solutions qu'on voudrait du problème qui serait indéterminé.

Enfin la décomposition est toujours possible quand on ne donne pas les valeurs des composantes, tandis que dans le cas contraire elle ne peut s'effectuer si ces valeurs sont telles que leur somme ou leur différence ne soit pas égale à F, selon qu'elles doivent être concordantes ou inverses.

Quant à la décomposition dans le cas de plus de deux forces, elle se ferait facilement par la décomposition successive de deux en deux, en établissant comme on vient de le faire, entre les forces données et les forces cherchées, les relations qui expriment que les unes sont les résultantes du système des autres.

Après avoir passé successivement par tous les cas les plus simples de la composition des forces, il nous reste à traiter la question sous son point de vue le plus général, qui est celui des forces dirigées d'une manière quelconque dans l'espace, c'est-à-dire sans avoir entre elles aucune relation obligée de direction, de grandeur et de position.

§ V. *COMPOSITION DES SYSTÈMES QUELCONQUES DE FORCES.*

Observation générale sur le mécanisme de l'action des forces. — Tout mobile entièrement libre dans l'espace et tel que nous le considérons ici, ne peut évidemment se mouvoir que dans le sens et la direction suivant lesquels il est sollicité. Lors donc que plusieurs forces agissent dans la même direction, elles produisent ou tendent à produire le mouvement suivant cette direction, et ont une seule résultante ; c'est ce que nous avons déjà vu.

Mais quand ces directions sont différentes, si le mobile se meut en ligne droite, c'est-à-dire suivant une direction unique et constante, cet effet ne peut avoir lieu qu'autant que les actions des forces qui le sollicitent se partagent en plusieurs autres dont les unes agissent dans cette direction et forment la résultante du système, et dont les autres se neutralisent mutuellement en anéantissant leurs effets.

Réciproquement, quand cette opération peut s'effectuer, le mobile se meut suivant une direction unique et le système n'a qu'une seule résultante. De sorte que toutes les fois qu'un mobile ne se meut pas ainsi, on peut en conclure que les forces auxquelles il est soumis, agissent de telle sorte qu'elles ne peuvent avoir de composantes suivant une direction commune, ou que, si elles en ont, les autres ne se neutralisent pas.

Et réciproquement, quand l'une ou l'autre de ces deux conditions ne peut être remplie, on peut affirmer que le système n'a pas de résultante unique, et que le mobile qui lui est soumis doit prendre un mouvement composé dans l'espace.

Nous allons appliquer ces observations à la composition générale.

Quel que soit le système de forces dont on s'occupe, leurs directions prolongées autant qu'il sera nécessaire pourront toutes, ou seulement en partie, être coupées par un même plan : considérons d'abord le premier cas.

Soit F (Fig. 16) l'une quelconque des composantes, prolongeons la ligne droite qui marque sa direction jusqu'à ce qu'elle rencontre en A le plan MN que nous supposons être celui qui coupe toutes les forces du système dont elle fait partie. La force F peut être regardée comme appliquée en A, et équivalente à l'ensemble des deux autres, l'une Af' perpendiculaire au plan MN, l'autre Af située dans ce plan. En décomposant de cette manière toutes les forces du système, on le transformera en un autre équivalent, qui sera formé de deux groupes de composantes, l'un ne contenant que des forces perpendiculaires au plan MN et qui étant, par suite, parallèles entre elles, auront une résultante unique Z facile à déterminer ; l'autre, composée de forces situées dans ce même plan et dont nous désignerons par r la résultante.

Ainsi le système proposé, quelque compliqué qu'il soit, pourra être réduit à l'ensemble de deux forces Z et r (Fig. 17) faciles à déterminer géométriquement, et qui seront situées dans un même plan ou dans deux plans différens, suivant des directions perpendiculaires entr'elles.

1° Si elles sont situées dans un même plan, elles auront une résultante unique R qui sera celle du système, résultante qu'on déterminera géométriquement en construisant le parallélogramme des forces, et dont la valeur arithmétique générale sera :

$$R = \sqrt{Z^2 + r^2}.$$

2° Si elles ne sont pas situées dans un même plan, on ne pourra en décomposer les actions de telle sorte qu'une partie de ces actions agisse le long de la même droite ; si donc elles ont des composantes suivant une même direction, ce ne peut être que des composantes parallèles : les autres composantes seront par conséquent dans des plans parallèles, et ne pourront se neutraliser. Ainsi le système dont elles proviennent n'aura pas de résultante unique. Or, pour les systèmes dont les composantes sont toutes ou deux à deux dans un même plan, et qui sont ceux que nous avons examinés jusqu'ici, les forces Z et r se rencontreront, car ces systèmes ont tous une seule résultante. De plus ils sont les seuls qui jouissent de cette propriété ; car, en supposant le cas le plus favorable à leur composition, qui est celui où une seule force ne serait pas dans un même plan avec une quelconque des autres, celles-ci ayant une résultante qui ne serait pas dans un même plan avec la première, le système se réduirait à deux forces non situées dans un même plan, et n'aurait pas de résultante unique. Si maintenant le système donné n'était pas tel que toutes les droites qui marquent la direction des composantes pussent être coupées par un même plan, on en couperait le plus possible par un plan M'N', celles qui resteraient seraient toutes parallèles à ce plan : en composant les premières par rapport au plan M'N' comme il vient d'être dit, on obtiendrait deux résultantes partielles analogues, Z' et r' ; puis en faisant tourner le plan M'N' autour de r' jusqu'à ce qu'il rencontrât les dernières, et comme on pourrait l'incliner assez pour qu'il rencontrât Z', s'il les coupait toutes on aurait le système de ces forces et des résultantes partielles Z', r', auquel on pourrait appliquer ce qui précède. Enfin si la nouvelle position M''N'' de M'N' ne rencontrait pas toutes les forces précitées, celles qui resteraient seraient nécessairement parallèles au plan M''N'' et parallèles entre elles ; elles auraient donc une résultante unique X, et le système donné se réduirait à celui des trois forces Z'', r'', relatives au plan M''N'' et X, et trois forces, c'est-à-dire trois droites quelconques, peuvent toujours être rencontrées par un même plan MN. Ainsi les conséquences des considérations qui précèdent, ont toute la généralité possible. Ces conséquences sont énoncées dans le résumé suivant des principes que nous avons exposés.

RÉSUMÉ DE LA COMPOSITION DES FORCES DANS LES SYSTÈMES ENTIÈREMENT LIBRES.

Nous avons vu que tout mouvement, ou toute tendance au mouvement, a lieu en vertu d'une ou de plusieurs forces, causes mystérieuses dont on n'a pu encore pénétrer la nature intime.

Mais que toute force fait ou tend à faire parcourir au point où elle est appliquée, un certain chemin en ligne droite, et que, dans le même temps ou dans des temps égaux, les espaces ainsi parcourus sont proportionnels aux forces qui les font ou tendent à les faire parcourir.

Renonçant donc à étudier les forces en elles-mêmes, nous les avons remplacées par les effets immédiats qui leur sont proportionnels, et nous avons cherché quels seraient les résultats définitifs de l'application de tous les systèmes, ou ensembles de forces qu'on peut considérer.

Tous les systèmes de forces peuvent être partagés en deux classes : 1° Ceux qui ont une résultante unique ; 2° Ceux qui n'en peuvent avoir que plusieurs.

La première classe se compose des systèmes de forces appliquées le long d'une même ligne droite, ou bien agissant toutes ou deux à deux dans un même plan. La deuxième, celles qui sont dirigées d'une manière quelconque dans l'espace.

Tout système de forces peut être transformé en un système équivalent de deux forces, agissant suivant des directions perpendiculaires entre elles.

Il peut se présenter deux cas :

1° Si le système considéré appartient à la première classe, ces deux forces sont situées dans un même plan, et leur résultante, qui est celle du système, est représentée en grandeur et en direction par la diagonale du parallélogramme formé sur les lignes droites qui représentent ces deux forces en grandeur et en direction.

Si le système considéré appartient à la deuxième classe, ces deux forces ne sont pas situées dans un même plan, et ne pouvant être combinées ou composées entre elles, représentent les résultantes définitives du système, dont l'effet est alors d'imprimer un mouvement composé dans l'espace, au mobile qu'il sollicite.

DEUXIÈME PARTIE.

Des forces transmises et des mouvemens circulaires.

Lorsqu'une force agit en un point où elle n'est pas appliquée, on dit qu'elle est transmise en ce point. Jusqu'ici nous n'avons considéré que les actions immédiates des composantes sur leurs points d'application et celles de leurs résultantes sur les mêmes points ou ceux qui leur sont invariablement liés; et nous avons vu que lorsqu'une force isolée agit sur un mobile quelconque entièrement libre dans l'espace, tous les points de ce mobile se meuvent en suivant des lignes parallèles à celle que décrit celui où la force est appliquée, comme s'ils étaient sollicités directement par cette force qui s'y transmet par conséquent toute entière, ainsi:

1° *Toute force qui agit seule sur un mobile quelconque entièrement libre dans l'espace transmet à tous les points de ce mobile une action égale à celle qu'elle exerce directement sur son point d'application.*

Mais on a pu remarquer qu'il n'en est pas ainsi quand plusieurs forces agissent ensemble en concourant à un même effet, car alors leurs distances et leurs positions relatives influent toujours sur la position, souvent sur la direction et l'intensité de leurs résultantes, et quelquefois même sur la nature du mouvement qu'elles produisent.

Et comme il est évident que ces résultantes, leurs directions, et la position particulière des points où elles s'appliquent ne sont que les résultats de l'action de leurs composantes suivant ces directions, et transmises en ces points, il faut en conclure que dans de telles circonstances, cette transmission s'effectue suivant certaines lois qui dépendent des intensités et des positions relatives de ces forces; lois qui sont d'ailleurs différentes de celle qui convient à une force isolée, puisque s'il n'en était ainsi, tous les systèmes de forces possibles auraient la même résultante que si ces forces agissaient toutes en un même point quelconque du mobile qu'elles sollicitent, résultante dont la position relative serait indéterminée et indifférente.

Ainsi, pour bien pénétrer et connaître les lois de la combinaison des forces il faut étudier celles de leur transmission, question aussi difficile que vaste, et que nous restreindrons ici dans de très-étroites limites.

Or, s'il en est ainsi pour des forces agissant sur des mobiles entièrement libres, si déjà nous reconnaissons que leurs positions relatives et leurs intensités influent sur l'action qu'elles transmettent en des points déterminés, combien, à plus forte raison, ces circonstances n'auront-elles pas d'influence quand les mobiles au lieu d'être libres seront assujettis à certaines conditions invariables, comme de rester liés à des points ou à des lignes fixes?

Nous ne traiterons encore qu'une partie de cette question, celle qui présente le plus d'applications dans la mécanique pratique, et qui se lie le plus directement avec les principes que nous avons déjà exposés. Ainsi nous ne considérerons que l'action des forces sur des lignes ou systèmes de lignes ayant un ou plusieurs points fixes, par l'intermédiaire d'autres lignes liées à celles-ci d'une manière invariable, en maintenant pour les unes et les autres l'hypothèse fondamentale qui nous a servi de base jusqu'ici.

Des expériences continuelles qui s'accomplissent sous nos yeux nous prouvent que les forces ainsi transmises par des lignes liées à des points fixes produisent d'autant plus d'effet qu'elles agissent à de plus grandes distances de ces points et se transmettent à une plus petite; ainsi, voyons-nous le levier, mu par un faible effort, soulever des poids d'autant plus lourds que la partie qui transmet cet effort est plus grande relativement à celle qui transmet l'action des poids; ainsi des balances sont justes quand elles sont suspendues par le milieu de leurs fléaux, fausses dans le cas contraire, et penchant toujours à poids égaux du côté qui est le plus loin du point de suspension, etc. etc. Mais dans quel rapport varient ces effets des forces transmises? C'est la question qui va nous occuper.

Remarquons d'abord que, quelle que soit la ligne rigide, inextensible et sans pesanteur par l'intermédiaire de laquelle l'action d'une force F (Fig. 18) s'exerce autour d'un point fixe C, cette action est toujours équivalente à celle d'une force dirigée perpendiculairement à une droite passant par ce point; car : 1° si elle agit par l'intermédiaire d'une ligne droite CA oblique à sa direction AF, il est facile de voir que son action se décompose en deux autres, l'une Af' qui, tendant à entraîner le point fixe, reste sans aucun effet, et l'autre Af perpendiculaire à CA; 2° si la ligne intermédiaire est une courbe quelconque $AmnC$, on observera que la droite CA d'après nos hypothèses resterait aussi bien invariable que la ligne $CmnA$, et que par conséquent on peut regarder la force comme appliquée indifféremment à l'une ou à l'autre. Ainsi déjà nous retrouvons ici un principe analogue à celui des forces directes, savoir que :

2° *L'action et les effets d'une force transmise sont indépendans de la figure de l'objet qui la transmet.*

D'après cela, nous ne considérerons que des forces agissant perpendiculairement aux lignes qui les transmettent ; ces lignes se nomment *bras de levier* des forces.

Lorsqu'une force agit ainsi sur une droite AB (Fig. 19), dont un des points C, est fixe en lui restant constamment perpendiculaire dans toutes ses positions, elle fait évidemment tourner cette droite autour de ce point fixe comme autour d'un pivot, et chacun de ses points restant constamment à la même distance de celui-ci décrit une circonférence ou un arc de cercle dont il est le centre. La longueur de ces arcs dans un temps donné dépend de leur distance au pivot et de la longueur de l'arc décrit pendant ce temps par l'extrémité P du bras de levier CP auquel la force est appliquée, lequel arc dépend lui-même de l'intensité de cette force et de la longueur de son bras de levier.

Ainsi la force F transmet aux divers points de la ligne AB (Fig. 20) (et l'on pourrait en dire autant de toute ligne ou de tout point qui lui serait invariablement lié), cette force transmet en ces points une action qui dépend de leur distance au point fixe et de celle qu'elle exerce immédiatement au point où elle est appliquée, d'après son intensité et la longueur de son bras de levier.

Ce qui fait concevoir que, quelle que soit cette action transmise en un point quelconque A on pourra toujours la neutraliser par celle d'une force **F′** appliquée en ce point perpendiculairement à **CA** et dont l'action immédiate sera équivalente à la première; l'on s'en convaincra en observant qu'il suffira pour cela que cette nouvelle force et la force **F** considérées indépendamment de toute circonstance particulière aient une résultante unique qui passe par le point **C**, car quand ce point deviendra fixe il détruira l'action de toute force qui le sollicitera directement et le système sera en équilibre. Or, si la résultante **R** des forces **F** et **F′** passe en **C**, on aura la relation $F' \times CA = F \times CP$ et réciproquement, quand cette condition sera satisfaite, le point **C** sera un de ceux de la résultante **R** qui remplace les deux forces considérées. Ainsi, pour que la force **F′** exerce immédiatement en **A** une action égale à celle que transmet en ce point la force **F** il faut et il suffit que $F' = F . \frac{CP}{CA}$.

Si l'on voulait estimer l'action de la force **F** transmise en un point quelconque **P′** du plan **FPC** ou joindrait **CP′**, on trouverait la droite **P′A** perpendiculaire à **CP′** et en appliquant suivant cette droite une force **F″**, cette force exercerait en **P′** une action immédiate égale à l'action de **F** transmise en ce point si elle satisfaisait à la condition $F'' = F . \frac{CP}{CP'}$, ainsi :

3° *Lorsqu'une force est appliquée en un point quelconque d'un système lié à un pivot fixe, l'intensité relative de cette force transmise en un autre point quelconque du plan dans lequel elle agit est égale à son intensité directe multipliée par le rapport des distances au pivot du point où elle est appliquée et du point où elle est transmise.*

REMARQUES. — 1° Lorsqu'une force F est appliquée obliquement comme dans le cas de la figure 18, elle peut être considérée comme appliquée à l'extrémité P du bras de levier CP qui lui correspond, car nous avons vu que son action se réduit à celle de f perpendiculaire à CA; or, on voit par la similitude des triangles CPA, AFf' que

$$CP : CA :: f'F : AF \quad \text{ou} \quad F \times CP = f \times CA.$$

2° Le produit d'une force par son bras de levier se nomme le *moment* de cette force par rapport au point fixe considéré qu'on appelle *centre des moments*, donc: 3° bis. *L'intensité relative d'une force transmise en un point quelconque du plan de son action est égale au moment de cette force par rapport au centre des momens, divisé par la distance de ce point à ce centre.*

3° On voit donc que l'évaluation de l'intensité d'une force transmise se compose de deux choses, la distance à laquelle elle est transmise qui est un terme variable et indépendant de son action, et son moment qui est un terme constant pour chaque force dans un système donné, et qui constitue l'élément essentiel de sa transmission.

On n'a pas toujours à considérer dans les questions relatives aux forces transmises les propriétés de leurs momens par rapport à un point unique, mais on est souvent conduit à partager un système de forces en plusieurs groupes ou ensembles partiels, et à considérer les momens de ces groupes par rapport à des points différens; on dit alors qu'on prend les momens du système total par rapport à la figure géométrique déterminée par l'ensemble de ces points. Nous ne considérerons ici que les cas les plus usuels et qui renferment les propriétés les plus générales, savoir : 1° celui où cette figure est une ligne droite perpendiculaire à l'action des forces qu'on y rapporte, et qu'on appelle alors *axe des momens* ; 2° celui où elle est un plan parallèle à la direction des forces, et qu'on appelle *plan des momens* de ces forces.

Ainsi nous n'aurons à considérer que les momens des forces par rapport à un centre unique pour tout un système ; ou bien un ou plusieurs axes perpendiculaires aux actions de certaines forces ; ou enfin un ou plusieurs plans parallèles à ces actions.

Dans tous les cas, les momens étant les produits de certaines forces par leurs distances à certains points fixes nous représenteront toujours l'élément constant et essentiel de leur transmission, jusqu'à ce que nous arrivions à la composition des mouvemens circulaires où cet élément prendra une valeur plus importante encore.

Quant à la transmission des forces qui agissent sur des systèmes entièrement libres dans l'espace, elle ne serait que d'une faible utilité pour le but qu'on se propose ; et d'ailleurs on ne pourrait l'étudier qu'à l'aide de considérations qui ne peuvent trouver place ici *. C'est pourquoi on se bornera à quelques observations générales.

1° Lorsqu'un système a une seule résultante, le mobile se meut comme s'il était sollicité seulement par cette force, et par conséquent l'action qui résulte de l'ensemble des composantes se transmet (1°) à tous les points de ce mobile telle qu'elle est exercée aux points d'application ; ainsi, en quelque point qu'on suppose transmises les actions des forces, leur système aura toujours une résultante égale à celle des actions immédiates. On pourra donc trouver l'intensité relative des forces transmises en des points dé-

* Je me propose de traiter cette question dans un travail sur la transmission des forces et leur propagation à travers les milieux.

terminés par celle des forces appliquées immédiatement et en sens contraire en ces points, et qui étant composées entre elles, produisent une résultante égale et inverse à celle du système des actions directes.

Lorsqu'un système n'a pas de résultante unique, il peut toujours se réduire à deux résultantes partielles non situées dans un même plan ; on aura donc l'expression d'une force transmise dans un pareil système, en décomposant chacune des forces directes en deux autres respectivement parallèles à ces résultantes ; séparant ainsi le système donné en deux groupes dont chacun aura une résultante unique, et leur appliquant ce qui précède. On peut conclure de ces observations, que les forces transmises dans les systèmes libres ne sont plus seulement représentées, comme dans les autres, par de simples forces soumises à des conditions de grandeur relative, mais que, outre ces forces, leur transmission donne encore naissance à d'autres conditions ou à de nouveaux efforts qui disparaissent ou se neutralisent lorsqu'il s'agit d'un système ayant une seule résultante ; simplification qui n'a pas lieu dans les systèmes qui n'ont point de résultante unique. Tandis que, si un seul point d'un système quelconque devient fixe, cette fixité équivaut à une force indéfinie qui neutralise toutes les composantes ou toutes les résultantes partielles des forces de ce système, dont les directions passent par le point fixe.

Enfin, quoique nous ne puissions donner ici aucun détail à l'égard de la transmission des forces dont l'action est entièrement libre, nous dirons cependant que les momens y jouent encore un rôle important.

De plus, il sera facile de voir que les propriétés des momens, que nous allons exposer, sont également vraies, soit que les centres des momens restent fixes, soit qu'ils deviennent libres, et par suite, les relations que ces propriétés établissent entre les produits des forces par leurs bras de levier contenant pour chaque système la résultante et ses composantes, on pourra les faire servir à la composition et à la décomposition des actions immédiates des forces sur leurs points d'application.

Ainsi l'étude des propriétés des momens est, dans tous les cas, très-utile ; voyons maintenant comment on doit l'entendre ici.

Composition des forces transmises dans les systèmes liés, à des points fixes.

Quel que soit le système que l'on considère, l'action des composantes se propage en se transmettant à tous les points qui lui sont liés, en variant avec les distances de ces points au centre des momens, de sorte qu'elles produisent en chacun de ces points une résultante différente. Ainsi la composition des forces transmises ne doit avoir pour but que de déterminer la résultante des actions de ces forces transmises en un même point dont la position est donnée.

Or cette résultante n'est évidemment que l'action transmise en ce point de la résultante R des actions immédiates des forces données, composées entre elles d'après des règles que nous exposerons bientôt ; ainsi en appelant R_1, p_1 la distance du point donné au centre des momens, M celui de R par rapport à ce centre, l'intensité relative de cette force sera $R_1 = R \frac{M}{p_1}$; et en élevant au point donné une perpendiculaire à la droite qui joint ce point au centre, on aura sa direction ; quant au sens suivant lequel elle doit être appliquée, il sera donné par l'observation du sens du mouvement que produit ou que tend à produire la force R.

Nous voyons donc que la composition des forces transmises ne dépend plus que de la détermination du moment M et de la résultante R ; nous commencerons par le premier problème qui est compris dans l'énoncé suivant :

Etant donnés les momens des composantes d'un système quelconque, trouver le moment de la résultante.

Cette recherche s'appelle quelquefois *composition des momens*; on nomme pour abréger, *momens composans* et *momens résultans*, les momens des composantes et des résultantes.

Nous l'effectuerons en suivant l'ordre adopté dans la première partie, et nous remarquerons déjà que le principe (17 bis) qui convient à tous les cas de deux forces situées dans un même plan, peut se traduire ainsi :

Les momens de deux forces situées dans un même plan, par rapport à un point quelconque de la résultante, sont égaux.

Composition des momens.

§ Ier. DES SYSTÈMES DE FORCES SITUÉES DANS UN MÊME PLAN.

Soit d'abord un système de forces F, F', F'', etc. — F_1 — F_2 — F_3, etc. (Fig. 21), appliquées le long d'une même droite KK', et dont les actions sont transmises en un centre quelconque C par le bras de levier AC, le moment résultant est R . AC (ou Rp, si la longueur de AC est représentée par p), et comme

$$R = F + F' + F'' + \text{etc.} \ldots\ldots - (F_1 + F_2 + \text{etc.}),$$

il s'ensuit que le moment résultant

$$Rp = Fp + F'p + F''p + \text{etc.} \ldots - (F_1p + F_2p + \text{etc.}),$$

mais $\mathbf{F}p$, $\mathbf{F}'p$, $\mathbf{F}_1p$ etc., sont les momens composans, donc le moment résultant est égal à la somme de certains momens composans diminuée de la somme des autres; il faut interpréter ce résultat:

Prenons seulement deux forces contraires $\mathbf{F}$ et $(-\mathbf{F}_1)$; il est clair que le centre C étant supposé fixe, la force F tend à faire tourner le point A autour de C dans le sens marqué par la flèche f avec une énergie numériquement égale à $\mathbf{F}p$, tandis que la force $(-\mathbf{F}_1)$ tend à le faire tourner dans le sens contraire marqué par la flèche f', avec une énergie relativement égale à $\mathbf{F}_1p$. Par conséquent, ce point se mouvra dans le sens de la force F qui le sollicite avec la plus grande énergie, comme il le ferait sous l'action d'une force $\mathbf{F}-\mathbf{F}_1$ qui le solliciterait avec l'énergie $(\mathbf{F}-\mathbf{F}_1)p$ ou $\mathbf{F}p-\mathbf{F}_1p_1$. Ainsi la somme $\mathbf{F}p+\mathbf{F}'p+\mathbf{F}''p+$ etc. est celle des momens de toutes les forces qui tendent à faire tourner le point A dans un certain sens; et la somme $\mathbf{F}_1p+\mathbf{F}_2p+$ etc. est celle des momens de toutes les forces qui tendent à le faire tourner dans le sens contraire; donc la traduction générale de la relation précédente est que:

4° *Pour tout système de forces agissant le long d'une même droite le moment résultant, par rapport à un centre quelconque est égal à la différence entre la somme des momens des forces qui tendent à faire tourner leur point d'application dans un même sens autour de ce centre, et la somme des momens de celles qui tendent à le faire tourner dans le sens contraire. Ce moment résultant appartient à un mouvement dans le même sens que celui qui correspond à la plus grande somme.*

Ce n'est pas toujours l'opposition des forces qui tend à déterminer des mouvemens en sens contraires ou inverses, mais souvent encore la position relative du centre de rotation.

Si l'on considère par exemple les forces **F**, **F'** (Fig. 22) qui ne sont ni contraires ni inverses, on voit que, tant que le centre **C** sera d'un même côté de leurs directions elles tendront à faire tourner leurs points d'application **P**, **P'** dans le même sens autour de **C**, et par conséquent les momens $F \cdot CP$, $F' \cdot CP'$ devront être interprétés dans le même sens, c'est-à-dire que si l'on avait dans une relation analogue à (1) la somme $F \cdot CP + F' \cdot CP'$ on devrait en conclure que les forces **F** et **F'** tendent à imprimer des mouvemens de rotation dans le même sens autour du centre. Mais si ce point était dans l'angle formé par les directions des forces (en C_1, par exemple) elles tendraient évidemment à faire tourner les points P_1 et P'_1 dans deux sens inverses; donc si dans une relation analogue à (1) on avait la différence $F \cdot C_1P_1 - F' \cdot C_1P'_1$ on devrait en conclure que les forces **F**, **F'** tendent à imprimer des mouvemens de rotation en sens inverses autour de leur centre. Ce que nous disons ici pour un centre s'appliquerait évidemment à un axe de momens. Cela posé, afin d'abréger nos énoncés qui seraient très-compliqués sans la convention suivante, nous désignerons à l'avenir par l'expression de *somme algébrique* d'une série de momens la différence entre la somme de tous ceux qui correspondent à des mouvemens de rotation dans un même sens et la somme de tous ceux qui correspondent aux mouvemens de rotation dans le sens contraire ou inverse, en ayant soin de retrancher la plus petite somme de la plus grande; par conséquent le moment total qui résultera de cette opération appartiendra toujours à un mouvement de rotation dans le même sens que les momens qui auront fourni la plus grande somme, et nous n'aurons plus besoin d'en avertir. D'après cette convention, le principe qui vient d'être démontré s'énoncera comme il suit :

(4° bis) *Pour tout système de forces agissant le long d'une même droite le moment résultant par rapport à un point quelconque est égal à la somme algébrique des momens composans par rapport au même point.*

Soit maintenant un système de deux forces **F**, **F'** concourantes au point **A** (Fig. 23), **R** leur résultante et **C** un point quelconque de leur plan, pris pour centre des momens ; abaissons de **C** sur **AF**, **AF'**, **AR** des perpendiculaires **CP**, **CP'**, **CQ**, les momens composans seront $F \cdot CP$, $F' \cdot CP'$, et le moment résultant du système sera $R \cdot CQ$; le point **C** étant supposé fixe, et le point **A** lié invariablement à **C** par la droite **CA**, l'effet du système sera de faire tourner le point **A** autour du point **C** ; or, chacune des forces se décompose en deux parties, l'une agissant le long de **AC**, qui est détruite par la résistance du point fixe et ne contribue en rien au mouvement, et l'autre perpendiculaire à **AC** qui est égale pour chaque force à sa projection sur la ligne **KK'** perpendiculaire à **AC** : ainsi le mouvement de rotation circulaire autour de **C** s'effectuera en vertu de l'action simultanée des forces Af, Af' ou de leur résultante Ar (qui est, dans le cas de la figure, égale à $Af + Af'$), et comme ces forces agissent par le bras de levier **AC**, on aura entre leurs momens la relation

$$Ar \, . \, AC = Af \, . \, AC + Af' \, . \, AC,$$

qui peut être regardée comme la loi des mouvemens du système proposé ; mais comme elle ne contient pas d'une manière explicite les forces **F**, **F'** et **R**, nous allons la transformer en une autre équivalente qui les contienne.

Les triangles ArR, AQC sont semblables, et par conséquent

$$Ar : AR :: CQ : AC, \qquad \text{donc} \qquad Ar \cdot AC = AR \cdot CQ.$$

On aura de même, par suite de la similitude des triangles AfF, APC,

$$Af \cdot AC = AF \cdot CP,$$

et enfin, pour les triangles $Af'F'$, $AP'C$,

$$Af' \cdot AC = AF' \cdot CP',$$

donc $$AR \cdot CQ = AF \cdot CP + AF' \cdot CP',$$

ou, en représentant par p, p', q, les longueurs des bras de levier CP, CP', CQ,

$$(a) \qquad Rq = Fp + F'p'.$$

Toutes les fois que le centre C sera pris d'un même côté des directions des deux composantes ces forces tendront à faire tourner dans le même sens, et comme d'ailleurs on aura $Ar = Af + Af'$ il en résultera toujours la relation (a); mais lorsque C sera pris dans l'intérieur de l'angle des composantes, elles tendront à faire tourner en sens inverses, et comme alors on aura $Ar = Af - Af'$, il en résultera la relation

$$(a') \qquad Rq = Fp - F'p',$$

et les deux relations (a) et (a') seront comprises dans la formule générale :

$$(2) \qquad Rq = Fp \pm F'p',$$

donc

5° *Pour tout système de deux forces concourantes en un même point le moment résultant par rapport à un point quelconque de leur plan est égal à la somme algébrique des momens composans par rapport au même point.*

Ce principe n'est vrai que quand le centre unique des momens est pris dans le plan des forces ; car l'examen des figures fait voir que les triangles précités ne seraient plus semblables, et par conséquent que le principe n'aurait plus lieu si la droite AC cessait d'être une arête commune à trois cônes droits ayant pour sommet commun le point A, pour axes AP, AP', AQ et pour rayons de leurs bases CP, CP', CQ et ces trois cônes n'ont d'arêtes communes que dans le plan de leurs axes *.

Remarque. — La décomposition que nous avons opérée des forces F, F' et R pourrait s'effectuer encore en supposant que le point C ne fût pas fixe et l'on aurait toujours $Ar = Af \pm Af'$ les triangles précités seraient encore semblables, et l'on aurait de même $Rq = Fp \pm F'p'$; mais cette relation cesserait de donner la loi d'un mouvement et n'exprimerait plus qu'un théorème de géométrie qu'on pourrait énoncer comme il suit :

« Le rectangle construit sur la diagonale d'un parallélogramme quelconque et la perpendiculaire abaissée sur elle d'un point quelconque du plan de ce parallélogramme est égal à la somme où à la différence des rectangles construits sur les deux côtés et les perpendiculaires abaissées du même point sur ces deux côtés, selon que ce point est pris en dehors du parallélogramme ou dans l'intérieur. »

Considérons actuellement un système de forces F, F', F'', F_1, F_2, (Fig. 24) en nombre quelconque, concourantes en un même point et comprises dans un même

* Si cependant on avait besoin d'étudier le mouvement de rotation produit par les deux forces F et F' autour d'un centre fixe C pris en dehors de leur plan, il faudrait faire la décomposition indiquée, qui est toujours possible, et l'on serait obligé de s'en tenir à la relation

$$Ar \cdot AC = Af \cdot AC \pm Af' \cdot AC.$$

plan : soient C un point quelconque de leur plan pris pour centre commun de leurs momens ; p, p', p'', p_1, p_2, etc., leurs bras de levier respectifs et q celui de leur résultante définitive R ; en considérant d'abord l'ensemble des forces F, F' et leur résultante r on aura $r\,.\,CK = Fp + F'p'$; de même les forces r et F'' et leur résultante r' sont liées par la relation

$$r'\,.\,CK' = r\,.\,CK + F''p'' = Fp + F'p' + F''p'' ;$$

si l'on appelle r'' la résultante de r' et F_1 on aura semblablement

$$r''\,.\,CK'' = r'\,.\,CK' - F_1 p_1$$

(si le point C est situé entre r'' et F_1), ou

$$r''\,.\,CK'' = Fp + F'p' + F''p'' - F_1 p_1 ,$$

en continuant ainsi la composition successive des momens deux à deux, on arrivera à la formule :

$$(3)\quad Rq = Fp + F'p' + F''p'' + \text{etc.} \ldots - (F_1 p_1 + F_2 p_2 + F_3 p_3 + \text{etc.})$$

dont la traduction en langage ordinaire est que :

6° *Pour tout système de forces concourantes situées dans un même plan, le moment résultant, par rapport à un point quelconque de ce plan, est égal à la somme algébrique des momens composans, par rapport au même point.*

Remarque. — De la formule (3) on déduit

$$q = \frac{Fp + F'p' + \ldots - (F_1 p_1 + F_2 p_2 + \ldots)}{R}.$$

Or, F, F', F'', F_1, F_2, etc., étant données de position et de grandeur relative, on en déduira la valeur numérique de R, et l'on pourra mesurer les bras de levier p_1, p', p, etc., rapportés à l'unité de longueur, donc on peut regarder comme connue en nombre la valeur de q : cela posé, si l'on décrit du point C comme centre avec un rayon égal à q (Fig. 25), une circonférence et que, du côté des composantes qui ont donné la plus grande somme de momens, on mène par le point A une tangente AQ à cette circonférence, on déterminera ainsi la direction de la résultante R du système des forces données agissant directement sur le point A.

Cette solution est de peu d'importance, et nous ne l'avons indiquée que pour faire voir comment la théorie des momens peut servir à la composition des forces directes.

FORCES PARALLÈLES.

Le principe général (3) qui comprend le précédent, étant démontré indépendamment de toute valeur particulière des angles des forces, doit subsister encore lorsque ces angles sont nuls ou que les forces sont parallèles; mais on peut en donner une démonstration directe.

Soient d'abord deux forces concordantes F, F', R leur résultante (Fig. 26); C un point quelconque pris dans leur plan, d'un même côté de leurs directions; CPQP' la direction commune de leurs bras de levier : on a

$$R = F + F', \quad \text{donc} \quad R \cdot CQ = F \cdot CQ + F' \cdot CQ,$$

mais $CQ = CP + PQ$, ou bien encore $CQ = CP' - P'Q$, donc

$$R \cdot CQ = F(CP + PQ) + F'(CP' - P'Q);$$

effectuant les multiplications partielles, et remarquant que $F \cdot PQ = F' \cdot P'Q$, on trouve pour résultat

$$R \cdot CQ = F \cdot CP + F' \cdot CP',$$

ou bien, en conservant les notations des cas précédens,

$$Rq = Fp + F'p'.$$

Si les forces étaient inverses, on aurait $R = F - F'$, et la position du point C restant la même, on obtiendrait

$$Rq = Fp - F'p';$$

si le point C se trouvait entre les directions des deux composantes, il est facile de voir que la formule $Rq = Fp - F'p'$ correspondrait au contraire au cas des forces concordantes, et l'autre au cas des forces inverses; ce qu'on devait prévoir par l'examen des mouvemens de rotation que les composantes imprimeraient, dans ces différens cas, aux points P et P' autour de C supposé fixe. Ainsi la formule générale est

$$(4) \qquad Rq = Fp \pm F'p',$$

qui se traduit ainsi :

7° *Pour tout système de deux forces parallèles, le moment résultant par rapport à un point quelconque de leur plan, est égal à la somme algébrique des momens composans.*

Remarque. Il est évident ici que le principe ne peut avoir lieu qu'autant que les trois bras de levier CP, CP', CQ sont dirigés suivant la même ligne droite, et que par conséquent si les momens des trois forces sont rapportés à un centre unique, il doit être situé dans le plan de ces forces.

Revenons au cas des forces inverses; comme alors on

a $R = F - F'$, on déduit de (4) :

$$q = \frac{Fp \pm F'p_{\prime}}{F - F'};$$

si ces forces sont égales $F = F'$, $R = 0$. Le moment résultant est $F(p \pm p')$ et la distance q est $F\frac{(p \pm p')}{0}$, c'est-à-dire infinie, ce que nous avions déjà trouvé d'une autre manière. Et l'on voit bien ici pourquoi la résultante agit à une distance infinie ; car cette résultante ayant une valeur infiniment petite, pour que son moment puisse avoir une valeur finie $F(p \pm p')$, il fallait qu'elle fût transmise par un bras de levier infiniment grand. Lorsque C est d'un même côté des forces du couple, le moment résultant de ce couple est

$$F(p' - p) = F(CP' - CP) = F \cdot PP';$$

lorsqu'il est entre les forces, son moment est

$$F(p + p') = F(CP + CP') = F \cdot PP',$$

ainsi, dans tous les cas :

Le moment résultant d'un couple par rapport à un point quelconque de son plan, est égal au moment de l'une quelconque de ses forces par rapport au point d'application de l'autre.

D'où il ressort que :

Dans un système quelconque dont un des points est fixe, l'action transmise d'un couple, dans son plan, est indépendante de sa distance à ce point ;

Propriété remarquable dont les couples jouissent seuls entre tous les systèmes de forces imaginables, et qui en fait des agens mécaniques isolés et singuliers.

Soit un système de forces parallèles F, F', F'' etc., $-F_1$, $-F_2$ etc., distribuées en différens points d'une même droite AB (Fig. 27); si l'on avait à composer les actions transmises de ces forces en un même point C de leur plan, on abaisserait de C, sur les directions de ces forces, une perpendiculaire CPP' qui les couperait en des points faciles à déterminer et auxquels on pourrait les supposer appliquées. Cela fait, en composant successivement ces forces deux à deux, on arriverait, comme pour les forces concourantes, à la formule :

(5) $Rq = Fp + F'p' + F''p'' + \ldots\ldots - (F_1p_1 + F_2p_2 + \text{etc.})$

dont la traduction est que :

8° *Pour tout système de forces parallèles situées dans un même plan, le moment résultant, par rapport à un point quelconque de ce plan, est égal à la somme algébrique des momens composans par rapport au même point.*

On déduit de la formule (5) que la longueur numérique de q est

$$q = \frac{Fp + F'p' + \ldots\ldots - (F_1p_1 + F_2p_2 + \ldots\ldots)}{F + F' + F'' + \ldots\ldots - (F_1 + F_2 + \ldots)}.$$

Or les forces F, F' etc., étant données de grandeur et de position, on pourra, dans tous les cas, mesurer p, p', p'', p_1, p_2 etc., et par conséquent la distance q peut être regardée comme connue; si donc l'on prend $CQ = q$ qu'on mène par Q la droite QR parallèle aux composantes du côté de AB où se trouvent celles qui donnent la plus grande somme, qu'on la prolonge jusqu'à sa rencontre avec AB en H, et qu'on prenne sur cette droite $HR = AF + bF' + dF'' + \ldots\ldots - (eF_1 + gF_2 + \text{etc.})$, on aura la position, la direction et la grandeur relative de R ou la solution géométrique de la composition directe des forces données.

Nous laissons à faire, comme exercice, la décomposition des forces directes dans les différens cas qui nous ont occupés jusqu'ici, en observant que les principes des momens fournissant de nouvelles relations entre les forces et leurs bras de levier, il s'introduit avec ceux-ci de nouveaux cas particuliers dans la question.

Si l'on avait maintenant à déterminer le moment résultant d'un système de forces situées d'une manière quelconque dans un même plan, par rapport à un point de ce plan, on les séparerait en deux groupes contenant, l'un les forces parallèles et l'autre les forces non parallèles ; le premier pourrait être remplacé par une résultante r, dont le moment rh serait égal à la somme algébrique des momens des forces parallèles : dans le second groupe, les directions des forces se rencontreraient au moins deux à deux et l'on obtiendrait par la composition successive une résultante r' de ces forces, dont le moment $r'h'$ serait égal à la somme algébrique des momens des forces non parallèles ; les deux forces r et r' situées dans un même plan se composeraient en une seule R, dont le moment Rq serait le moment résultant du système et serait égal à $rh \pm r'h'$, ou enfin à la somme algébrique des momens composans ; ainsi en général :

(M) *Pour tout système de forces situées dans un même plan, le moment résultant, par rapport à un point quelconque de ce plan, est égal à la somme algébrique des momens composans, par rapport au même point.*

Les points du plan des forces sont les seuls de l'espace pour lesquels ce principe soit vrai.

Décomposition. — La décomposition des forces transmises présente un trop grand nombre de circonstances particulières pour que nous nous arrêtions à les détailler ; nous nous bornerons à observer qu'en général, les données seront dans chaque cas la force dont il faudra décomposer l'action transmise, son moment et la position du centre des momens, puis à l'égard des forces cherchées, les conditions particulières de position, de direction et de grandeur auxquelles elles devront satisfaire et qui seront nécessaires pour que le problème soit déterminé.

Il faudra donc examiner quelles devront être, d'après ces données, les positions des composantes par rapport au centre des momens et le sens de rotation qu'elles devront tendre à imprimer autour de ce centre, afin de voir lesquels de ces momens devront, dans leur somme algébrique, être ajoutés et lesquels soustraits; on joindra ensuite à la relation entre les momens cherchés et le moment connu, celle qui existe entre les actions directes des forces cherchées et celle de la force donnée; puis enfin examinant quelle sorte de figure devra former l'ensemble des lignes droites qui représenteront ces forces et leurs bras de levier, on déduira des propriétés de ces figures les constructions géométriques les plus propres à contribuer à la solution de la question. Si ces élémens conduisent à un résultat absurde ou impossible à effectuer, on devra en conclure que le problème, tel qu'il a été posé est impossible, parce que certaines des données sont incompatibles entre elles : s'ils ne suffisent pas, c'est que les données ne seront pas en assez grand nombre ou assez détaillées; alors on pourra y suppléer par un choix arbitraire et le problème sera indéterminé, c'est-à-dire qu'il admettra un nombre indéfini de solutions. Les exercices qu'on aura dû faire sur la décomposition des forces directes, rendront ces observations suffisantes pour exécuter celle des forces transmises dans les cas très-rares et toujours très-simples qu'on pourra rencontrer dans les applications.

§ II. *DES FORCES QUI N'AGISSENT PAS DANS UN MÊME PLAN.*

Les bornes que nous nous sommes prescrites ne nous permettent pas de rechercher les propriétés des momens des systèmes de forces que nous allons considérer, en les supposant transmises en un point unique de l'espace. Nous observerons seulement que le principe des momens qui vient d'être posé ne peut être étendu à ces cas, puisqu'en supposant même un système de forces qui soient deux à deux situées dans un même plan, on serait toujours conduit à prendre les momens de certaines forces par rapport à un point situé dans le plan de certaines autres. Si la somme algébrique des momens composans, pour un système de forces non situées dans le même plan, est encore égale au moment résultant, ce ne peut donc être que par rapport à l'ensemble de plusieurs points ou des figures géométriques déterminées par ces points; dans ces figures mêmes, les seules que nous ayons à considérer, sont celles qui satisfont aux conditions de forme et de direction relative que nous leur avons imposées en commençant ce travail. Ainsi ce qui va suivre sera, à proprement parler, la recherche des axes et des plans par rapport auxquels le moment résultant d'un système est égal à la somme algébrique des momens composans.

Nous examinerons d'abord, comme nous avons toujours fait jusqu'ici, le cas le plus simple et le plus facile, qui est celui des forces parallèles.

Soit premièrement un système de trois forces **F**, **F'**, **F''**, (Fig. 28); concevons dans l'espace un plan quelconque parallèle aux directions de ces forces; par un point quelconque **C** de l'intersection de ce plan avec celui des forces **F** et **F'** menons une ligne droite **CABD** perpendiculaire à ces forces, qui coupe en **D** leur résultante r; par cette perpendiculaire **CA** faisons passer un plan perpendiculaire au premier, il le coupera suivant une droite ii', et si des points **A**, **B**, **D** nous abaissons sur ii' les perpendiculaires **AP**, **BP'**, **DH**, elles seront dans le plan **AC**i et perpendiculaires à l'autre, ainsi qu'aux directions des forces **F**, **F'**, r. Cela posé, je dis qu'on aura

$$r \cdot \mathrm{DH} = \mathrm{F} \cdot \mathrm{AP} + \mathrm{F'} \cdot \mathrm{BP'}.$$

En effet, menons par **D** une parallèle **SS'** à ii', elle sera dans le plan **AC**i et coupera **AP** en **S**, **BP'** en **S'**; or on a $\mathrm{F} \cdot \mathrm{AD} = \mathrm{F'} \cdot \mathrm{BD}$; mais les triangles **ASD**, **BSD'** étant semblables, on a par suite :

$$(a) \qquad \mathrm{F} \cdot \mathrm{AS} = \mathrm{F'} \cdot \mathrm{BS'},$$

et si l'on remarque que $\mathrm{AS} = \mathrm{AP} - \mathrm{SP} = \mathrm{AP} - \mathrm{DH}$ et $\mathrm{BS'} = \mathrm{DH} - \mathrm{BP'}$, on voit que (a) revient à

$$\mathrm{F} \cdot \mathrm{AP} - \mathrm{F} \cdot \mathrm{DH} = \mathrm{F'} \cdot \mathrm{DH} - \mathrm{F'} \cdot \mathrm{BP'},$$

ou bien

$$\mathrm{F} \cdot \mathrm{AP} + \mathrm{F'} \cdot \mathrm{BP'} = (\mathrm{F} + \mathrm{F'})\, \mathrm{DH},$$

et comme $r = \mathrm{F} + \mathrm{F'}$,

$$r \cdot \mathrm{DH} = \mathrm{F} \cdot \mathrm{AP} + \mathrm{F'} \cdot \mathrm{BP'},$$

ou si l'on désigne les longueurs numériques des lignes **AP**, **BP'**, **DH**, par p, p', h :

$$rh = \mathrm{F}p + \mathrm{F'}p'.$$

La résultante **R** du système sera celle des forces r et **F''**; si nous menons par un point quelconque **C'** de l'intersection du plan de ces forces avec celui qui a été mené parallèlement aux forces, une droite **C'EE'K** perpendiculaire aux forces r, **F''**, **R**, et que nous fassions, relativement à ces forces ce que nous venons de faire relativement à F, F' et r, nous aurons, en désignant par p'' et q les longueurs des perpendiculaires abaissées des points E' et K sur le premier plan, et observant que celle abaissée de E est égale à celle qui a été abaissée de D sur le même plan, nous aurons

$$(1) \qquad Rq = rh + F''p'' = Fp + F'p' + F''p''.$$

Remarquons maintenant que les perpendiculaires AP, DH, etc., au même plan parallèle aux forces, étant en même temps perpendiculaires aux directions de ces forces, les longueurs p, p', p'', q mesurent leurs plus courtes distances à ce plan; d'où il résulte : 1° qu'elles sont les mêmes et par conséquent que la relation (1) subsistera toujours, par quelque point des directions des forces qu'on les mène; 2° que les produits Fp, $F'p'$, $F''p''$, Rq mesurent les momens de ces forces par rapport au plan parallèle qui est alors le plan des momens de leur système.

Soit maintenant un système de forces F, F', F'', F'''.... — F_1.... en nombre quelconque (Fig. 29); p, p', p'', p'''.... p_1 leurs plus courtes distances à un plan quelconque parallèle à leurs directions, on aura, en considérant l'ensemble des trois forces F, F', F'', dont la résultante est r passant à la distance h du plan des momens :

$$rh = Fp + F'p' + F''p'';$$

la résultante r' des forces F, F', F'' ($-F_1$) sera celle des forces r et ($-F_1$); et si l'on prend un point quelconque C'' de l'intersection de leur plan avec celui des momens, qu'on abaisse de ce point une droite CABD perpendiculaire à leurs directions et qu'on répète ici les raisonnemens qui viennent d'être faits, on démontrera que

$$r'h' = rh \pm F_1p_1 = Fp + F'p' + F''p'' \pm F_1p_1.$$

En continuant ainsi la composition successive des forces du système, on démontrera que

$$(2)\quad Rq = Fp + F'p' + F''p'' + \text{etc.} .. - (F_1 p_1 + F_2 p_2 + \text{etc.} ..)$$

relation dans laquelle les momens qui composent chaque somme sont ceux des forces qui tendent à faire tourner leurs bras de levier respectifs dans un même sens, lequel doit être déterminé à la fois par le sens de l'action directe de chaque composante, et par sa position relativement au plan des momens : et il n'y aura évidemment que deux sens de rotation au plus, lesquels seront inverses l'un de l'autre, puisque les momens de rotation individuels tendront tous à s'effectuer dans des plans perpendiculaires à celui des momens et par conséquent parallèles entre eux. Ainsi :

(M') *Pour tout système de forces parallèles, le moment résultant, par rapport à un même plan quelconque parallèle à leurs directions, est égal à la somme algébrique des momens composans par rapport au même plan.*

Si l'on joint à la relation (2) la formule $R = F + F' + F'' +$ etc., on pourra, à l'aide de ces deux formules, déterminer la position et la grandeur de la résultante de tout système de forces parallèles ; en effet, on en déduit

$$(b)\qquad q = \frac{Fp + F'p' + \ldots - (F_1 p_1 + F_2 p_2 + \ldots)}{F + F' + F'' \ldots \pm F_1 \pm F_2 \text{ etc} \ldots}.$$

Or, lorsque les composantes seront données de position et de grandeur, on pourra mesurer leurs plus courtes distances p, p', p'' etc., à un plan quelconque parallèle à leurs directions, plan qu'on fera passer par le plus grand nombre de ces directions qu'on pourra, afin d'abréger l'opération : ainsi on pourra mettre dans (*b*) des nombres à la place des forces et de leurs bras de levier, et en effectuant sur ces nombres les calculs indiqués dans cette formule, on obtiendra pour résultat la valeur de q exprimée en nombre ; mais cette valeur convient également à tous les points d'un plan parallèle à celui des momens, et qui contient la résultante : il faudra donc mener ce plan parallèle, puis prendre les momens par rapport à un second plan et en déduire la valeur q_1 de la distance à ce plan de la résultante des forces ; puis si l'on mène à une distance q_1 un plan parallèle à celui-ci, l'intersection de ce plan et du premier sera la direction de la résultante. On voit que cette construction est inexécutable dans l'espace et ne peut être regardée, sous ce point de vue, que comme une solution théorique ; mais elle devient d'une exécution très-facile par la géométrie descriptive ; cette remarque peut s'appliquer à toutes celles que nous indiquerons plus loin.

Lorsque toutes les composantes du système sont égales, la somme algébrique de leurs momens est F $(p+p'+p''\ldots -p_1-p_2)$, et si elles sont en nombre n, la somme de leurs actions directes, est égale à nF, donc

$$q=\frac{p+p'+p''\ldots.}{n},$$

c'est-à-dire que la distance de la résultante d'un système quelconque de forces parallèles égales entre elles, à un plan quelconque parallèle à ces forces, est égale à la *distance moyenne* entre toutes les distances des composantes au même plan.

Remarque. — Si l'on suppose que les composantes, tournant autour des points où elles sont appliquées à leurs bras de levier respectifs, s'inclinent ainsi en restant parallèles entre elles, et que le plan des momens s'incline de la même manière, les distances p, p', p'' ne changeront pas, et par conséquent q aussi conservera la même valeur : si donc l'on fait prendre ainsi diverses positions au système total et qu'on mène chaque fois un plan parallèle à celui des momens et à la distance q de celui-ci, tous ces plans se couperont suivant un même point situé à la distance q des premiers et appartenant aux directions successives de la résultante*. C'est ce point que nous avons déjà appelé le centre des forces parallèles ; nous indiquons ici un moyen de le déterminer soit dans l'espace, soit par la géométrie descriptive.

2° *FORCES CONCOURANTES.*

Considérons d'abord un système de trois forces F, F', F'' (Fig. 30) concourantes au même point A, et dirigées de telle sorte que chacune d'elles soit perpendiculaire au plan des deux autres (c'est-à-dire rectangulaires entre elles), et soit la force R dirigée suivant AR, leur résultante. Si l'on imagine dans l'espace trois axes fixes ox, oy, oz respectivement parallèles aux forces F, F', F'', et passant par un même point o, l'on voit que chacune de ces composantes, considérée isolément, tendra à faire tourner le point A autour des deux axes au plan desquels sa direction est perpendiculaire ; ou, ce qui revient au même, en considérant successivement ces forces deux à deux, chacun des trois systèmes qu'on obtient ainsi tend à faire tourner le point A autour de l'axe perpendiculaire à son plan : le système proposé pourra donc faire tourner le mobile auquel il sera appliqué autour de celui de ces trois axes auquel il sera invariablement lié, et l'action de la résultante définitive R autour de chacun d'eux dépendra évidemment

* Cette propriété sert de base à la détermination des centres de gravité des corps.

des tendances séparées de ses composantes et aura avec elles une ou plusieurs relations constantes que nous allons chercher.

Occupons-nous premièrement du système des forces F, F' qui tend à faire tourner le point A autour de l'axe oz, et dont la résultante est r dirigée suivant Ar : soient x et y les distances du point A aux plans zoy, zox, ou, ce qui revient au même, les plus courtes distances des forces F et F' à l'axe oz, et p la plus courte distance de Ar au même axe ; le plan FAF' des forces F, F', suffisamment prolongé, couperait oz en un point S et les plans zox, zoy suivant des parallèles $Sa = x$, $Sa' = y$ à AF et AF'. Si l'on prend maintenant les momens des forces F, F' et r par rapport au point S de leur plan, on aura (principe 5°) $rp = Fy - F'x$ (en supposant que le moment Fy soit le plus grand des deux). En considérant le système des forces F, F'' qui tend à faire tourner le point A autour de l'axe oy, et désignant par r' leur résultante, par q sa plus courte distance à l'axe oy et par z celle de la force F au même axe, on trouvera, par des raisonnemens semblables aux précédens,

$$r'q = Fz - F''x.$$

Et enfin pour le système des forces F', F'' on trouvera de même

$$r''s = F'z - F''y.$$

Or les résultantes partielles r, r', r'' sont les projections de la résultante totale R sur chacun des plans des composantes ou des axes qui leur sont parallèles, donc :

(9°) *Pour tout système de trois forces rectangulaires concourantes en un même point, le moment de la projection de la résultante sur chacun des trois plans de ces forces est égal à la somme algébrique des momens des composantes qui déterminent ce plan, par rapport à l'axe qui lui est perpendiculaire.*

Si l'on veut maintenant déterminer les momens de la résultante **R** elle-même par rapport aux trois axes, ou les valeurs numériques de l'énergie avec laquelle le système donné ferait tourner son point d'application autour de chacun de ces axes supposé fixe, on observera, relativement aux deux forces **F** et **F'** (par exemple) que la perpendiculaire **SP** $= p$ à oz et à Ar étant menée dans le plan **FAF'**, perpendiculaire au plan $F''Ar$, à l'intersection Ar de ces deux plans, est aussi perpendiculaire au plan $F''Ar$ et par conséquent mesure la plus courte distance de l'axe oz à ce plan ou à toute droite telle que **AR** située dans ce plan, donc le moment de **R** par rapport à l'axe oz est Rp : or

$$r^2 = R^2 - F''^2, \quad r^2 = R^2\left(1 - \frac{F''^2}{R^2}\right), \quad r = R\sqrt{1 - \frac{F''^2}{R^2}},$$

donc

$$rp = Rp\sqrt{1 - \frac{F''^2}{R^2}}$$

ou

$$Rp = rp\frac{1}{\sqrt{1 - \frac{F''^2}{R^2}}} = (Fy - F'x)\frac{1}{\sqrt{1 - \frac{F''^2}{R^2}}},$$

et comme $R^2 = F^2 + F'^2 + F''^2$,

$$Rp = (Fy - F'z)\frac{1}{\sqrt{1 - \frac{F''^2}{F^2 + F'^2 + F''^2}}}.$$

On trouverait de même, en considérant l'ensemble des forces **F**, **F''** puis celui des forces **F'**, **F''**

$$Rq = (Fz - F''x)\frac{1}{\sqrt{1 - \frac{F'^2}{F^2 + F'^2 + F''^2}}},$$

$$Rs = (F'z - F''y)\frac{1}{\sqrt{1 - \frac{F^2}{F^2 + F'^2 + F''^2}}}.$$

Ces valeurs numériques du moment résultant donnent lieu à des remarques pour lesquelles nous renvoyons au cas général qui suit, parce que c'est là leur véritable place et que nous éviterons de les répéter.

Soit un système composé d'un nombre quelconque de forces F, F', F'', F''' etc. (Fig. 31), concourantes au même point A ; menons par un point quelconque o de l'espace trois axes ox, oy, oz, rectangulaires entre eux, et par le point A trois droites Af, Af', Af'' respectivement parallèles à ces axes : décomposons chacune des forces du système en trois autres respectivement dirigées suivant les droites Af, Af', Af'', le système donné sera équivalent à celui de toutes ces composantes partielles et pourra être remplacé par lui : or celles qui sont dirigées suivant la droite Af peuvent être remplacées par une seule force X égale à leur somme algébrique ; de même celles qui sont dirigées suivant Af' par une seule Y, et celles qui sont dirigées suivant Af'' par une seule Z ; la résultante R de ces trois forces rectangulaires entre elles sera celle du système donné ; et en désignant toujours par x, y, z les distances du point A aux trois plans des axes, par p, q, s les plus courtes distances de AR à ces trois axes, on aura :

$$(1) \qquad Rp = (Xy - Yx)\frac{1}{\sqrt{1 - \frac{Z^2}{X^2 + Y^2 + Z^2}}},$$

$$(2) \qquad Rq = (Xz - Zx)\frac{1}{\sqrt{1 - \frac{Y^2}{X^2 + Y^2 + Z^2}}},$$

$$(3) \qquad Rs = (Yz - Zy)\frac{1}{\sqrt{1 - \frac{X^2}{X^2 + Y^2 + Z^2}}},$$

$$(4) \qquad R = \sqrt{X^2 + Y^2 + Z^2}.$$

Or, chacune des forces X, Y, Z est la somme algébrique des projections sur l'axe auquel elle est parallèle de toutes les composantes du système : on pourra toujours dans les applications, construire ces projections et les mesurer ; ainsi on peut regarder X, Y, Z comme connues en nombre, et par conséquent comme déterminés de même, les momens résultans Rp, Rq, Rs.

Remarquons maintenant que les forces X, Y, Z étant les sommes algébriques des projections des composantes du système sur les trois axes *ox*, *oy*, *oz* les momens Xy et Yx (par exemple) sont les sommes algébriques des momens par rapport à l'axe *oz* des projections de ces composantes sur les axes *ox* et *oy* ; et leur différence $(Xy - Yx)$ est égale au moment par rapport au même axe *oz*, de la résultante *Ar* de ces composantes projetées, laquelle est la projection sur le plan XAY ou sur son parallèle *xoy* de la résultante générale R du système : donc le moment résultant $Xy - Yx$ des forces du système projetées sur *ox* et *oy* est égal au moment de leur résultante générale projetée sur le plan *xoy*. Mais si nous considérons l'une quelconque des forces données (F par exemple) nous voyons que ses deux projections *Af* et *Af'* parallèles à *ox* et *oy* peuvent être remplacées pour leurs actions directes et pour leurs momens par la projection Ar' de F sur le plan fAf' ou sur le plan xoy; donc on peut dire que le moment par rapport à oz de la projection de R sur le plan xoy est égal à la somme algébrique des momens des projections de ses composantes sur le même plan ; si l'on se rappelle maintenant que l'axe oz a été choisi arbitrairement dans l'espace, et que tout ce qui vient d'être dit s'appliquerait également aux axes ox et oy on voit que :

10° *Pour tout système de forces concourantes en un même point, le moment de la projection de sa résultante générale sur un plan quelconque et par rapport à un axe quelconque perpendiculaire à ce plan est égal à la somme algébrique des momens des projections des composantes sur le même plan et par rapport au même axe.*

Afin d'abréger, nous représenterons à l'avenir par L le moment résultant $Xy - Yx$ des projections des forces du système sur un plan perpendiculaire à l'axe oz, c'est-à-dire que nous ferons dans (1) $L = Xy - Yx$
nous ferons de même dans (2)..... $M = Xz - Zx$
et de même dans (3)................ $N = Yz - Zy$

Ces relations deviendront alors

$$(a) \qquad Rp = L \frac{1}{\sqrt{1 - \frac{Z^2}{X^2 + Y^2 + Z^2}}},$$

$$(b) \qquad Rq = M \frac{1}{\sqrt{1 - \frac{Y_2}{X^2 + Y^2 + Z^2}}},$$

$$(c) \qquad Rs = N \frac{1}{\sqrt{1 - \frac{X^2}{X^2 + Y^2 + Z^2}}},$$

Remarquons que la quantité

$$\sqrt{1-\frac{Z^2}{X^2+Y^2+Z^2}}=\sqrt{\frac{X^2+Y^2}{X^2+Y^2+Z^2}}=\frac{r}{R},$$

puisque $X^2+Y^2=r^2$. Ainsi la formule (a) peut s'écrire comme il suit :

$$(a') \qquad Rp = L\frac{R}{r}.$$

De même en désignant par r' la résultante des forces X et Z, et par r'' celle des forces Y et Z les formules (b) et (c) deviennent (b') et (c')

$$(b') \qquad Rq = M\frac{R}{r'},$$

$$(c') \qquad Rs = N\frac{R}{r''},$$

dont la traduction est que

11° *Pour tout système de forces concourantes en un même point, le moment résultant par rapport à un axe quelconque est égal à la somme algébrique des momens par rapport à cet axe des projections de ces forces sur un plan quelconque perpendiculaire à cet axe, multipliée par le rapport de la résultante générale, à sa projection sur ce plan.*

Les momens Rp, Rq, Rs étant connus en nombre, en les divisant par la valeur de R (qui peut être aussi dans chaque cas particulier déterminée numériquement) on obtiendra les bras de levier p, q, s. Cela posé, si, ayant un système composé d'un nombre quelconque de forces concourantes en un même point A (Fig. 32), on veut trouver la direction de sa résultante R, on mènera par A un plan perpendiculaire à l'axe oz des momens ; du point S, intersection de cet axe et de ce plan on décrira dans celui-ci un cercle avec un rayon égal à la valeur trouvée pour p puis par le point A on lui mènera une tangente AP qu'on prolongera d'une quantité $Ar = \sqrt{X^2 + Y^2}$; on mènera par le point r une parallèle rK à oz et l'on prendra sur cette droite une longueur rR = Z ; joignant A et R on aura la ligne AR qui représentera en direction et en grandeur la résultante du système. Si l'on voulait maintenant construire son bras de levier, on remarquerait qu'il est égal à SP et doit être à la fois perpendiculaire à oz et à AR ; or, en menant par le point P une parallèle PH à oz, cette ligne sera dans le plan RAr et rencontrera AR prolongé en Q qui sera le point d'application de la force R à son bras de levier, et en menant QC parallèle à PS, cette ligne rencontrera l'axe oz en C, lui sera perpendiculaire ainsi qu'au plan RAr et par suite aussi à QR. Des constructions analogues aux précédentes pourraient être faites relativement aux axes ox, oy, et si on les fait, elles se serviront mutuellement de vérifications ainsi qu'aux premières.

FORCES DIRIGÉES D'UNE MANIÈRE QUELCONQUE DANS L'ESPACE.

On décomposera le système donné en deux groupes comme il a été déjà dit, et chacun de ces groupes ayant une résultante unique, le principe des momens s'y appliquera, c'est-à-dire que le moment de la résultante de chacun d'eux sera égal à la somme algébrique des momens des composantes pris, pour celui dont r est la résultante par rapport à un point quelconque du plan MN (Fig. 16 et 17), et pour l'autre par rapport à un plan quelconque perpendiculaire au premier ; ce qui permettra de choisir ce point et ce plan dans les divers cas particuliers qui se présenteront, de la manière qui donnera la solution la plus simple.

Ainsi, en thèse générale, on ne peut composer directement les momens des forces qui nous occupent, et l'on est obligé de les partager en deux groupes dans chacun desquels la composition s'effectue indépendamment de celle de l'autre, et qui ne sont liés entre eux que par les valeurs des forces qu'ils contiennent, lesquelles proviennent deux à deux de la décomposition d'une même force du système; ce qui résulte de ce que nous avons pris les momens dans leur acception la plus générale. Mais il n'en serait pas de même si l'on supposait qu'ils fussent rapportés à des centres fixes de rotation; et c'est le cas le plus important à examiner, puisque c'est le seul qui rencontre, quoique rarement, quelqu'application dans les mouvemens réels: c'est aussi dans cette hypothèse que nous allons les considérer.

Composition des mouvemens de rotation circulaires.

Il y a trois choses à considérer dans un mouvement circulaire: 1° le plan dans lequel il s'effectue; 2° le sens de la rotation; 3° l'énergie du mouvement qui est encore mesurée par ses effets.

Ainsi, le problème que nous nous proposons doit avoir pour objet: étant données ces trois choses, pour chaque force composante d'un système lié à un point ou à un axe fixe, ou pour chaque mouvement de rotation partiel que tend à prendre ce système, trouver les trois élémens qui déterminent le mouvement résultant de ces diverses tendances.

Les effets des mouvemens circulaires sont de deux sortes, savoir: les angles décrits par les bras de levier ou les lignes qui leur sont liées, et les longueurs des arcs décrits par les points du système. Ces longueurs variant pour chaque système avec la position des points particuliers que l'on considère, la véritable mesure constante ou le terme de comparaison des énergies des mouvemens circulaires est donnée par les angles que décrivent leurs bras de levier dans des temps quelconques mais égaux ; angles qui sont les mêmes pour toutes les droites du système situées dans le plan du mouvement *.

Supposons qu'une force F (Fig. 34) appliquée perpendiculairement à la droite bd dont le point P est fixe, agisse pendant un temps quelconque t ; elle fera décrire à cette droite un certain angle $b'\mathrm{P}b = d'\mathrm{P}d = \mathrm{A}$; au point b un arc $bb' = \mathrm{S}$, et au point d un arc $dd' = \mathrm{S}'$; arcs et angle qu'une force F' appliquée en d ferait aussi décrire dans le même temps, si les momens de ces forces étaient égaux, puisque l'action directe de F' sur le point d serait équivalente à celle de F transmise en ce point : de plus, les arcs S et S' seraient entre eux dans le rapport des bras de levier respectifs p et p' de ces forces.

Si, au lieu d'être appliquées successivement à la même droite, les forces F et F' agissaient sur deux bras de levier séparés égaux aux premiers, elles produiraient chacune sur ces bras de levier les mêmes effets que sur les précédens ; ainsi, en général, deux forces qui s'exercent autour de points fixes par rapport auxquels leurs momens sont égaux, font décrire dans le même temps des angles égaux à leurs bras de levier.

* Le bras de levier PA (Fig. 33), prenant la position PA' sous l'action d'une force quelconque, aura décrit l'angle APA' ; soit bc une droite quelconque du système dans le plan du mouvement, puisqu'elle est invariablement liée à PA, elle fera, dans toutes ses positions, un angle constant avec cette ligne ; or l'angle extérieur $\mathrm{A}ob = bd\mathrm{A} + \mathrm{PA}d$,

De même $\mathrm{A}'o'\mathrm{A} = \mathrm{APA}' + \mathrm{PA}d$

Mais $\mathrm{A}ob = \mathrm{A}'o'\mathrm{A}$, donc $bd\mathrm{A} = \mathrm{APA}'$.

Quand deux forces quelconques s'exercent sur un même bras de levier ou sur deux bras de levier égaux, les angles que chacune d'elles leur fait décrire sont dans le rapport des intensités de ces forces ; en effet, soient deux forces F et f inégales et contraires appliquées en b, le résultat définitif de leurs actions sur le bras de levier Pb sera le même, soit qu'on les fasse agir simultanément, ou bien l'une après l'autre pendant des temps égaux. Or, supposons que F ait (par exemple) une intensité double de celle de f; si elles agissaient ensemble, il est évident que f neutraliserait dans F une action égale à la sienne, et que le système se mouvrait comme sous l'action d'une force f appliquée en b dans le sens b.... F, le bras de levier bP décrivant un certain angle $b\text{P}b'$. Si au contraire on suppose que f agisse d'abord seule, elle fera décrire dans le temps un angle $b\text{P}b'' = b\text{P}b'$; puis si F agit ensuite pendant un temps égal, elle replacera, d'après ce qui précède, le bras de levier b''P dans la position définitive b'P, en faisant décrire par conséquent à cette droite un angle $b''\text{P}b'$ double de l'angle $b''\text{P}b$ que la force f lui fait décrire dans le même temps ; il en serait de même si F était triple, quadruple, etc. de f. Considérons maintenant une force F$''$ s'exerçant à l'extrémité d'un bras de levier $e\text{P}'' = p''$, et dont le moment M$'$ est dans un rapport quelconque K avec le moment M de F, de sorte que $\text{M}' = \text{KM}$; son effet se prolongeant pendant le même temps t que celui de cette force, elle fera décrire à son bras de levier un certain angle $e\text{P}''e' = \text{A}''$, et au point e un certain arc $ee' = \text{S}''$. Or la force F$''$ peut être regardée comme égale à la somme d'un nombre K de forces f_1, f_2, f_3 égales entre elles ; chacune de ces forces aura un moment égal à $\frac{\text{M}'}{\text{K}}$, ou au moment **M** de la force **F**, si donc on suppose que leur effet se produise successivement pendant des temps égaux à t, elles feront décrire à leurs bras de levier commun des angles $eP''e_1$, $e_1P''e_2$, égaux entre eux et à l'angle A, mais l'angle total $eP''e'$ décrit sous l'action de la force F'', est égal, d'après ce qui précède, à la somme des angles partiels $eP''e_1$ ou à KA, et l'on a la proportion

$$A : A'' :: Fp : F''p'',$$

c'est-à-dire que

Les énergies des mouvemens circulaires sont proportionnelles aux momens des forces qui les produisent, par rapport aux centres fixes autour desquels ils s'exécutent *.

Si donc l'on prend pour terme de comparaison de

* On peut ramener au mouvement d'un point situé dans le plan d'action PAF d'une force, celui de tout point N (Fig. 35) situé dans l'espace à une distance $NP = d$ du point fixe P, lorsqu'on connaît l'angle que fait cette droite NP avec le plan d'action. En effet, projetons le point N en n sur le plan PAF et joignons nP; cette ligne est la projection de NP et par conséquent $\frac{1}{K}$ étant le coefficient de projection de l'angle donné $nP = d\frac{1}{K}$; or, dans le mouvement produit par l'action de la force F, le point m décrira, autour de P dans le plan PAF, une circonférence de cercle de rayon nP; la perpendiculaire projetante Nn décrira en même temps un cylindre perpendiculaire à ce plan, ayant pour base ce cercle, et le point N une circonférence égale et parallèle à la première; ainsi le mouvement du point N sera circulaire et parallèle au plan PAF, et égal à celui de sa projection sur ce plan, la force transmise en N sera d'ailleurs

$$F \times \frac{AP}{d\frac{1}{K}}.$$

l'énergie des mouvemens circulaires, celle du mouvement produit par une force dont l'intensité soit égale à l'unité de force choisie, et qui agisse à l'extrémité d'un bras de levier égal à l'unité de longueur, les énergies de tous les mouvemens de rotation circulaires seront représentées par les momens des forces qui les produiront.

Quant aux arcs décrits par les différens points du système, comme ils sont proportionnels aux produits des angles par leurs rayons, ils le seront aux produits des momens des forces par ces mêmes rayons; et les arcs décrits en particulier par les points d'application des forces dans des temps égaux, seront entre eux comme les produits Fp^2 de ces forces par les carrés de leurs bras de levier; de sorte que si, en conservant les unités précédentes, on prend en outre pour unité d'arc celui qui serait décrit dans l'unité de temps par le point d'application de la force qui produit l'unité des momens, les arcs décrits dans l'unité de temps pour tous les points d'un système quelconque, seront représentés en longueur par les produits Mr des momens M des forces par leurs rayons r; les extrémités des bras de levier décriront des arcs, représentés par les produits Fp^2 et dans un temps t, tous ces arcs seront t fois plus grands; les premiers, égaux à tMr, les derniers à $t.Fp^2$ *. On voit que la composition des mouvemens circulaires se réduit à la recherche de la force R qui produit le mouvement résultant et de son

* La vitesse transmise à un point quelconque du plan de l'action d'une force qui fait décrire un angle A à son bras de levier, sera Ar, si r est la distance de ce point au pivot; mais si n est le nombre de degrés contenus dans A, il faudra prendre pour A la longueur en unité de même espèce que r de l'arc de n degrés, dans la circonférence dont le rayon est cette unité, c'est-à-dire $A = 2\pi \frac{n}{360}$, $\pi = 3,1415926......$

moment par rapport au point fixe ; car ce moment fera connaître l'énergie de ce mouvement ; la direction de la force R, son plan ; et le sens de l'action de cette force, celui de la rotation.

MÉTHODE DE COMPOSITION. — Remarquons maintenant que dans un système quelconque lié à un point fixe, les actions des forces se transmettent à tous les points et y produisent le même effet que de simples forces appliquées directement en ces points et dont nous savons déterminer la valeur ; que de plus, à cause des liaisons invariables et connues des systèmes, le mouvement d'un point quelconque fait connaître celui de tous les autres ; par conséquent, la composition des mouvemens circulaires se réduit, en définitive, à celle des forces qui tendent à les produire, transmises en un point quelconque mais déterminé, du système qu'elles sollicitent. Nous devons donc avant tout nous occuper du cas de deux forces qui sollicitent un même point ; ce sera l'élément et la base de tous les autres.

Soient F et F' (Fig. 36) ces forces ; supposons qu'elles agissent l'une après l'autre pendant des temps égaux ; si la force F' agit la première, elle fera décrire à PA dans le plan F'AP, un certain angle APA' et au point A un arc AA' ; si maintenant, sans interruption, F agit à son tour seule sur le bras de levier transporté en PA', elle lui fera décrire un autre angle A'PA$_1$ qui sera avec le premier dans le rapport de ces forces, et au point A' un arc A'A$_1$ qui sera avec AA' dans le même rapport ; de sorte que, en définitive, sous l'action successive de F' et de F, le point A sera venu en A$_1$ et le bras de levier PA en PA$_1$; et si l'on continue ces actions, le point A viendra successivement en A$_2$, A$_3$ etc., et PA en PA$_2$, PA^3 etc. Or remarquons que les triangles sphériques AA'A$_1$, A$_1$A''A$_2$ etc., placés sur la même sphère, sont semblables comme ayant les angles en A′, A″ etc., égaux, et les côtés qui comprennent ces angles, proportionnels : qu'un triangle Aaa_1 obtenu en supposant que le temps de l'action des forces fût plus court leur serait encore semblable, et qu'il en serait de même, quel que fût le temps, pourvu qu'il fût égal pour les deux forces ; ainsi les angles en A, A_1, A_2 et a_1 de ces triangles seraient toujours égaux, et par conséquent tous les points A, A_1, A_2 et a_1 sont situés dans un même plan PAA_1 etc. Si donc on suppose que ce temps décroisse d'une manière continue, cette propriété subsistera toujours et subsistera encore à la limite de ce décroissement, c'est-à-dire lorsque le temps des actions successives sera assez court pour qu'on puisse regarder les deux forces comme agissant simultanément ; ainsi, le plan PAA_1 est celui du mouvement résultant ; la force R qui peut produire ce mouvement est une perpendiculaire à PA (Fig. 36 bis), menée en A dans ce plan ; et l'intensité de cette force est, avec celles des composantes F et F′, dans les mêmes relations que l'arc AA_1 avec les arcs $A'A_1$, AA′ ; mais le triangle $AA'A_1$ est la moitié du parallélogramme sphérique $AA'A_1H$ dont l'arc AA_1 est la diagonale ; le plan FAF′ des composantes est tangent à la sphère en A, et si l'on prolonge les quatre plans APA′, APH, $A'PA_1$, HPA_1 ils couperont le plan FAF′ suivant les côtés Ab′, Ab, ob′, bo d'un parallélogramme dont les deux premiers seront les tangentes des arcs AA′ et $AH = A'A_1$ et dont la diagonale Ao sera la tangente de l'arc AA_1 ; tangentes dont les longueurs seront limitées à l'intersection des rayons PA′, PH, PA_1 passant par les extrémités des arcs. Or quand le temps de l'action successive des forces sera devenu tellement court qu'on puisse les regarder comme agissant simultanément, ces arcs seront assez petits pour qu'on puisse regarder leurs tangentes comme égales à leurs longueurs développées en ligne droite *. Ainsi les côtés du parallélogramme $Abb'o$ seront proportionnels aux composantes F et F', et cette propriété se répétant à chaque triangle le long du chemin $AA_1A_2A_3$, etc. tant qu'on supposera prolongées les actions des forces, on voit que la force R qui produit le même mouvement que l'ensemble des forces F et F' est la résultante de ces forces composées au point A, suivant les règles ordinaires. De ceci et de ce qui précède il résulte que :

(C) *Lorsqu'un système quelconque tend à prendre autour d'un point fixe plusieurs mouvemens de rotation, l'un quelconque de ses points prend un mouvement de rotation résultant unique qui serait également produit par une seule force, résultante de toutes les actions des forces qui tendent à produire les mouvemens composans, transmises au point considéré, et composées en ce point suivant les règles ordinaires de la composition des forces directes.*

Développons ce principe général :

Soit d'abord le système connu des forces Z et r (Fig. 38), $AQ = a$ la perpendiculaire commune à leurs directions qui mesure leur plus courte distance, et P le point fixe pris sur cette ligne ; soit a la longueur de AQ, p celle de AP, et q celle de PQ, de sorte que $a = p + q$ ou $a = p - q$, selon que le point P est pris sur AQ ou sur son prolongement. Le point A sous l'action transmise

* En effet, soit AA' (Fig. 37) un arc quelconque et AT sa tangente limitée en T comme il a été dit ; menons par le point A' une parallèle A'Q à PA, la longueur AQ sera plus petite que celle de l'arc AA' développé en ligne droite ; et QT sera plus grande que la différence entre cet arc et sa tangente. Or il est évident que quand l'arc AA' diminue, cette longueur QT diminue rapidement et finit par devenir insensible, et par conséquent, à plus forte raison, la différence entre l'arc et la tangente, qui est encore plus petite.

de r en ce point, tend à se mouvoir circulairement dans le plan MN ou rQA, comme il le ferait sous l'action immédiate d'une force égale à $\left(r\frac{q}{p}\right)$ appliquée en A suivant AD inversement parallèle à Qr; ce même point A sous l'action de Z tend à se mouvoir en décrivant une circonférence dans un plan perpendiculaire à MN; sollicité par les forces Z et $\left(r\frac{q}{p}\right)$, il se mouvra comme il le ferait sous l'action de leur résultante directe R, dont l'intensité relative est liée à celles des composantes par la relation

$$(k) \qquad R^2 = Z^2 + \frac{r^2q^2}{p^2},$$

ces composantes étant perpendiculaires entr'elles, pour déterminer l'angle RAD du plan de rotation, on aura le rapport

$$\frac{RD}{AD} = \frac{Z}{\left(\frac{rq}{p}\right)} = \frac{Zp}{rq};$$

car ce rapport étant connu, il suffira de mener par A une droite Am parallèle à r, d'élever, en un point quelconque m de cette parallèle, une perpendiculaire mn au plan MN ou au premier plan de rotation rQA, et de prendre la longueur mn telle que son rapport avec Am soit égal au rapport connu $\frac{Zp}{rq}$ des momens, puis enfin de joindre An.

Les droites AZ, AD, AR, perpendiculaires à la commune intersection des plans de rotation composans et résultans, font entre elles des angles égaux à ceux de ces plans, ainsi

1° *Le plan du mouvement résultant divise l'angle des plans des mouvemens composans, comme la diagonale du parallélogramme des forces composantes transmises au point considéré, divise l'angle de ces forces.*

Quant à l'énergie relative du mouvement résultant, elle est égale à Rp ; or la relation (k) donne

$$R^2p^2 = Z^2p^2 + r^2q^2, \quad \text{ou} \quad Rp = \sqrt{(Zp)^2 + (rq)^2},$$

donc

2° *L'énergie relative du mouvement résultant, est avec celles des mouvemens composans, dans les mêmes relations que la diagonale du parallélogramme de deux forces faisant entre elles le même angle que les plans de ces mouvemens, avec les côtés de ce parallélogramme ou les intensités relatives de ces forces* *.

Voyons maintenant si ces résultats remarquables s'étendent à tous les systèmes possibles de mouvemens de rotation autour d'un point fixe.

Soient d'abord F et F' (Fig. 39) deux forces quel-

* Si l'on avait considéré d'abord l'action de la force Z transmise en Q, on aurait obtenu de même une résultante QR_1, et pour déterminer l'intensité la relation $R_1^2 = r^2 + Z^2\frac{p^2}{q^2}$, pour l'angle R_1Qr le rapport $\frac{R_1r}{rQ} = \frac{Z\frac{p}{q}}{r}$, et cette nouvelle composition produirait les mêmes effets que la première, car d'abord $\frac{Z}{\frac{rq}{p}} = \frac{Z\frac{p}{q}}{r}$; ainsi les plans de rotation sont les mêmes; de plus les effets dans ces plans sont équivalens entr'eux, car $R^2p^2 = R_1^2q^2$ ou $Rp = R_1q$, et il est d'ailleurs évident que les forces R, R_1, tendent à faire tourner dans le même sens.

conques, **PP'** la plus courte distance entre leurs directions et **C** un point supposé fixe ; le bras de levier de la force **F** est $CP = p$, celui de la force **F'**, $CP' = p'$. Ces deux forces tendent séparément à imprimer à **PP'** deux mouvemens de rotation dans deux plans **FPP'**, **F'P'P** dont l'intersection est **PP'** ; or l'action de **F'** tend à produire le même effet qu'une force appliquée directement en **P**, suivant **PD** inversement parallèle à **P'F'**, et d'une intensité relative égale à $\left(F'\frac{p'}{p}\right)$, ainsi le mouvement de rotation s'effectuera comme sous l'action unique de la résultante directe **PR** des forces **F** et $\left(F'\frac{p'}{p}\right)$; mais les angles des composantes et de la résultante mesurant ceux des plans de rotation composans et résultans, on arrive ici relativement à ces angles, à la même conséquence que dans le cas précédent. Quant à l'énergie relative des mouvemens il en est encore de même, car la résultante **PR** étant égale à la somme algébrique des projections des composantes **PF**, **PD** sur sa direction, en désignant par **K** et **K'** * les rapports de ces lignes à leurs projections respectives, on aura

$$R = F \cdot \frac{1}{K} \pm \frac{F'p'}{p}\,\frac{1}{K'} \quad \text{et} \quad Rp = (Fp)\frac{1}{K} \pm (F'p')\frac{1}{K'}.$$

Donc déjà les principes (1) et (2) sont vrais, quels que soient les angles des plans de rotation composans. En quelque point **A** de **PP'** qu'on opère la composition des mouvemens de rotation, ces relations de direction entre leurs sens et de grandeur entre leurs énergies, subsisteront toujours. En effet, soit $CA = a$; la force **F'** produit le même effet qu'une force $F'\frac{p'}{a}$ appliquée en **A** suivant

* Voir la remarque de la page 36.

AB, inversement parallèle à **P'F'**, de même **F** se transmet en ce point avec une intensité $F\frac{p}{a}$ et une direction **AD** inversement parallèle à **PF** ; ainsi le mouvement de rotation aura lieu comme sous la seule action de la résultante R_1 de ces forces transmises. Ici se représentent les mêmes observations pour la direction relative du mouvement résultant, car l'angle **BAD** du parallélogramme **BADR**$_1$, est égal à celui **FPD** du parallélogramme **FPDR**, donc aussi l'angle **ADR**$_1$ = **PFR** ; donc les triangles **ADR**$_1$ et **PFR** ont déjà un angle égal ; ils ont de plus les côtés qui le comprennent proportionnels, car

$$\frac{F'\frac{p'}{a}}{F\frac{p}{a}} = \frac{F'\frac{p'}{p}}{F} = \frac{F'p'}{Fp}\ ^{*}$$

donc ces deux triangles sont semblables, et l'angle **DAR**$_1$ = **RPF** ; **R**$_1$**AB** = **RPD**. Quant aux intensités ou énergies relatives des mouvemens de rotation, il en est encore comme précédemment, car à cause de l'égalité des angles précités, les rapports K et K' sont les mêmes, et l'on a

$$R_1 = F\frac{p}{a}\cdot\frac{1}{K} \pm F'\frac{p'}{a}\cdot\frac{1}{K'},$$

d'où il résulte que

$$R_1 a = (Fp)\frac{1}{K} \pm (F'p')\frac{1}{K'} = Rp.$$

Si le pivot **C** (Fig. 40) était situé sur une ligne quelconque **AB** s'appuyant à la fois sur les directions des deux

* Ce rapport étant connu par les seules données de la question, puisqu'il est celui des momens composans, on peut s'en servir comme précédemment pour construire l'angle **R**$_1$**AD** et déterminer le plan du mouvement résultant.

forces F et F′, on voit que ces forces se décomposeraient chacune en deux, l'une agissant le long de AB qui serait neutralisée par la résistance du point fixe et ne contribuerait en rien au mouvement, l'autre (f pour F et f' pour F′) perpendiculaire à AB ; de sorte que le mouvement de rotation serait dû entièrement à l'action de ces forces f et f', auxquelles on pourrait appliquer tout ce qui vient d'être dit.

Supposons enfin le pivot fixe C (Fig. 41) situé d'une manière quelconque dans l'espace. Soient les bras de levier $\text{CP} = p$, $\text{CP}' = p'$ et ii' l'intersection des plans iCPF, iCP′F′ dans lesquels les mouvemens composans tendent à s'effectuer. Prenons sur ii' CO = CP et Cm = CP′; cette intersection étant invariablement liée aux bras de levier des forces F et F′ on voit que la première agissant seule imprimerait au point O le même mouvement de rotation, dans le même temps, qu'au point P ; par conséquent son action sur ce point, et par suite sur tous ceux du système qui lui sont liés, peut être remplacée par celle d'une force F, ou égale en intensité, appliquée perpendiculairement à ii' suivant OF dans le plan iCPF. Il en est de même pour la force F′ qui produit le même effet qu'une force F′ d'une intensité égale et appliquée dans le plan i'CP′F′ suivant mF′ perpendiculaire à ii', laquelle force peut être remplacée par une force parallèle $\left(F'\frac{p'}{p}\right)$ appliquée en O suivant OD. Ainsi le mouvement de rotation résultant se fera comme sous l'action de la résultante R des forces F et $\left(F'\frac{p'}{p}\right)$. Or, les lignes OF, OD, OR étant, dans les plans composans et le plan résultant, perpendiculaires à leur commune intersection ii', on peut appliquer aux angles de ces plans toutes les observations qui ont été faites dans les cas précédens, ainsi qu'aux énergies relatives des mouvemens de rotation.

Pour effectuer réellement la composition, je mène par le point **C** dans le plan *i***CPF** une perpendiculaire **CH** à ii' ; par le même point, une parallèle **CK** à **OR** et d'une longueur **CK** $=$ **CO** $= p$; puis dans le même plan *i***COR**, une ligne **CQ** $=$ **CK** $=$ **CO** $= p$ qui fasse avec **CK** un angle **KCQ** $=$ **PCH** ; enfin dans ce plan j'applique perpendiculairement au bras de levier **CQ** une force **QR** d'une intensité égale à **R** et le mouvement de rotation produit par l'action de cette force sera le même que celui qui serait produit par celle de **R** appliquée en **O** suivant **OR**, c'est-à-dire qu'il sera le mouvement résultant cherché. En effet, il s'effectuera dans le plan résultant *i***OR**, dans le même sens et avec la même énergie $R \times QC = R \times OC = Rp$, et l'on aura entre cette énergie résultante et les énergies composantes les relations précédemment établies : ainsi ces relations, de même que celles des angles de rotation, ont lieu dans leur plus grande généralité.

Quant à la composition d'un nombre quelconque de mouvemens circulaires autour d'un même pivôt, elle se ramènerait à celle de deux mouvemens par la composition successive. Si l'on jette maintenant un coup-d'œil général sur ce que nous avons dit des mouvemens de rotation et des forces transmises, on voit que cette théorie se résume en ces termes :

(C') *La composition d'un nombre quelconque de mouvemens de rotation autour d'un point fixe se fait d'après les mêmes règles que celle d'un nombre quelconque de mouvemens rectilignes que tend à prendre un même point libre sous l'action d'un système de forces appliquées directement en ce point.*

Ou bien :

La composition des forces transmises en un même point d'un système lié à un point fixe, se fait d'après les mêmes règles que celle des forces directes appliquées à un même point libre.

Des mouvemens autour des axes fixes.

Il y a deux cas principaux à considérer, selon que les forces du système ont des directions perpendiculaires ou des directions obliques à l'axe. (Elles peuvent encore avoir des directions parallèles, mais ce cas rentre dans ceux des mouvemens rectilignes). 1° Dans le premier cas elles tendent chacune à produire un mouvement de rotation circulaire dans un plan perpendiculaire à cet axe et autour du point où il est coupé par ce plan ; lequel point est fixe comme appartenant à une droite fixe. Soient AA' (Fig. 42), cet axe et pour plus de simplicité deux forces F et F' appliquées aux points P et P' à des distances $CP = p$ et $C'P' = p'$ de l'axe ; elles peuvent être regardées comme s'exerçant par l'intermédiaire des lignes CP et C'P' comme bras de levier : or, à cause des liaisons invariables du système, la force F' (par exemple) se transmettra en P et y produira une action égale à celle d'une force $F'\frac{p'}{p}$ appliquée immédiatement en ce point suivant PD perpendiculaire à la fois à CP et à la direction de l'axe, et par conséquent dans le prolongement de PF ou suivant PF, selon que F tendra à produire un mouvement dans un sens inverse, ou dans le même sens que F. On voit donc que le système se mouvra comme sous l'action de la résultante $R = F \pm F'\frac{p'}{p}$, des forces PF et PD appliquées en P, et que l'énergie du mouvement résultant sera, pour tous les points $Rp = Fp \pm F'p'$. Ce que l'on vient de dire pouvant s'appliquer à un nombre quelconque de forces dont les unes F, F', F'', etc., tendent à faire tourner dans un même sens et les autres F_1, F_2, F_3, etc., dans le sens inverse, on aura les relations :

$$R = F + F'\frac{p'}{p} + F''\frac{p''}{p} + \text{etc.} \ldots - \left(F_1\frac{p_1}{p} + F_2\frac{p_2}{p} + F_3\frac{p_3}{p} + \text{etc.} \ldots\right),$$

$$Rp = Fp + F'p' + F''p'' + \text{etc.} - (F_1p_1 + F_2p_2 + F_3p_3 + \text{etc.}).$$

dont la traduction est que :

Lorsqu'un système quelconque tend à prendre autour d'un axe fixe des mouvemens de rotation, dans des plans perpendiculaires à cet axe, il prend parallèlement aux composans un mouvement résultant dont l'énergie relative est égale à la somme des énergies de ceux qui tendent à avoir lieu dans un même sens, diminuée de la somme des énergies de ceux qui tendent à avoir lieu dans le sens contraire ; il a lieu dans le sens des mouvemens qui donnent la plus grande somme.

Ou bien :

La résultante des forces transmises perpendiculaires à l'axe, est égale à la somme algébrique des composantes.

2° Examinons le cas des forces obliques :

Soit d'abord une force quelconque F (Fig. 43), nous pouvons la supposer appliquée au point P, extrémité de la plus courte distance CP de sa direction PF et de l'axe AA'. Elle tend à imprimer à son bras de levier CP un mouvement de rotation autour du point C dans un plan CPF oblique à l'axe ; et comme l'angle ACP doit rester invariable, ce mouvement ne pourrait s'effectuer sans que l'axe AA′ n'en prît un lui-même en décrivant autour du point C des angles égaux à ceux que décrirait CP autour du même point: or, l'axe étant fixe, ceci ne peut avoir lieu. L'action de la force F ne peut donc produire un mouvement qu'autant que le point C ne reste pas fixe, et se meut lui-même le long de AA′, et comme la force F, n'étant pas directement appliquée à l'axe, n'est neutralisée par aucune cause, il s'ensuit que son action se décompose nécessairement en deux, l'une parallèle à l'axe qui tend à enlever le point C et tout le système dans cette direction, et l'autre perpendiculaire à l'axe qui tend à en faire tourner tous les points dans des plans perpendiculaires à cette ligne, seul mouvement de rotation possible. En appliquant ici les raisonnemens déjà employés pour le mouvement autour d'un point fixe, on démontrerait facilement que ces deux composantes de la force F sont les forces f_1 et f obtenues par la décomposition directe de F au point P.

Ainsi il y a en général, dans les mouvemens autour des axes fixes, deux sortes de mouvemens à considérer; l'un rectiligne produit par des forces parallèles à l'axe et sollicitant des points entièrement libres dans ce sens; mouvement qui suivra par conséquent, en toutes ses circonstances, les lois des systèmes libres; l'autre de rotation circulaire dans des plans perpendiculaires à l'axe, et qui sera soumis aux principes précédemment démontrés dont l'application conduira à la détermination du mouvement circulaire, et à la connaissance de la force R qui le produirait par sa seule action; quant au mouvement rectiligne de transport ou de *translation* parallélement à l'axe, la force R_1 qui le produirait, sera égale à la somme algébrique de toutes les composantes parallèles à l'axe; son point d'application sera indifférent, et le mouvement résultant définitif d'un point quelconque du système se trouvera en supposant que les forces R_1 et R agissent l'une après l'autre pendant des temps égaux.

Soient, par exemple, deux forces quelconques F et F' agissant dans une direction quelconque par rapport à l'axe fixe AA'. Supposons-les appliquées aux extrémités P et P' des lignes $CP = p$ et $C'P' = p'$ qui mesurent leur plus courte distance à cet axe. Décomposons chacune de ces forces comme il a été dit, leurs composantes seront connues géométriquement par la construction du parallélogramme des forces ; mais si l'on veut les avoir en nombres, on observera que les données de la question, pour être suffisantes, doivent contenir les angles que font dans l'espace les directions des forces F, F' avec l'axe AA', ou aux points P, P' avec les parallèles Pf_1, $P'f'_1$ à cet axe, et par suite avec leurs perpendiculaires Pf et $P'f'$; de plus les longueurs de ces lignes, ou les forces ff' etc., qu'elles représentent, sont les projections des forces données sur leurs directions respectives ; désignant donc par $\frac{1}{K}$, $\frac{1}{K_1}$, $\frac{1}{K'}$, $\frac{1}{K'_1}$ les coefficiens de projection qui conviennent à ces angles, on aura :

$$f = F\frac{1}{K}, \quad f' = F'\frac{1}{K'}, \quad f_1 = F\frac{1}{K_1}, \quad f'_1 = F'\frac{1}{K'_1},$$

et la résultante R_1 du mouvement de translation sera :

$$R_1 = f_1 \pm f'_1 = F.\frac{1}{K_1} \pm F'.\frac{1}{K'_1}.$$

Quant au mouvement de rotation, soit Q le point quelconque dont on s'occupe, et q sa distance connue à l'axe AA' ; ce mouvement sera produit par une force R appliquée en ce point perpendiculairement à l'axe et au bras de levier q, force dont l'intensité relative sera

$$R = f\frac{p}{q} \pm f'\frac{p'}{q},$$

selon que les mouvemens composans tendront à avoir lieu dans un même sens ou dans deux sens inverses, valeur qui revient à

$$R = F \cdot \frac{1}{K} \cdot \frac{p}{q} \pm F' \cdot \frac{1}{K'} \cdot \frac{p'}{q}.$$

L'énergie relative du mouvement résultant sera

$$Rq = F \cdot \frac{1}{K} p \pm F' \cdot \frac{1}{K'} p'.$$

Le mouvement résultant total ou définitif n'étant plus ici ni en ligne droite ni en cercle, la composition ou l'étude de ce mouvement doit comprendre en outre le tracé de la courbe ou du chemin que suit dans l'espace un point quelconque Q du système (Fig. 44).

Soit $GQ = q$ la distance de ce point à l'axe; cette distance devant rester constante, on voit que le mouvement du point Q a lieu sur la surface extérieure d'un cylindre circulaire ayant AA' pour axe de figure, et pour cercle de base le cercle décrit de G comme centre avec GQ pour rayon; mais ceci ne nous est pas nécessaire. Pour obtenir un point quelconque de la courbe cherchée, je prends un point quelconque a du cercle de base, ou plutôt je mène par GQ un plan perpendiculaire à l'axe AA'; je décris dans ce plan le cercle de rayon GQ qui a G pour centre et je prends sur la circonférence de ce cercle un point a quelconque; on peut supposer que l'arc Qa ait été décrit dans un temps quelconque sous l'action séparée de la force **R** déterminée précédemment ; si donc on suppose que la force R_1 agisse ensuite pendant un temps égal, elle fera décrire au point *a*, sur une ligne droite parallèle à l'axe, un chemin *ai* dont la longueur sera avec l'angle **QGA** dans le rapport de R_1 à Rq, ou avec celle de l'arc Qa dans le rapport de R_1 à Rq^2. Si donc l'on détermine une fois pour toutes ce rapport $\frac{R_1}{Rq^2} = m$, on construira facilement autant de points qu'on voudra de la courbe en divisant la circonférence de base en un certain nombre de parties égales, calculant la longueur *s* d'une de ces parties, élevant aux points de division des parallèles à l'axe, et prenant, à partir de ces points sur ces parallèles, des longueurs $l = ms$ ou $m.2s$, $m.3s$ etc., selon qu'elles correspondront au premier, au deuxième, au troisième, etc. point de division de la circonférence.

RÉSUMÉ DE LA COMPOSITION DES FORCES OU DES MOUVEMENS DANS LES SYSTÈMES LIÉS A DES POINTS OU A DES AXES FIXES.

Les effets produits par les forces dépendent, en général, de la transmission des efforts qu'elles exercent, transmission qui dépend elle-même de leur mode d'action et de la nature des liaisons des systèmes qu'elles sollicitent.

Nous en avons recherché les lois pour les systèmes invariables liés à des points ou à des axes fixes. Dans de tels systèmes, les efforts sont transmis à tous les points avec une intensité directement proportionnelle aux momens des forces par rapport aux axes ou aux centres fixes, et inversement proportionnelle aux distances à ceux-ci, des points où ils sont transmis.

Leurs effets sur ces points sont de leur faire prendre

autour des axes ou centres fixes des mouvemens de rotation circulaires.

L'intensité de ces effets, ou l'énergie des mouvemens circulaires est mesurée par les momens des forces qui les produisent par rapport aux points autour desquels ils s'exécûtent.

Ces mouvemens peuvent être attribués, dans tous les cas, à l'action immédiate sur les points considérés, de la résultante des actions du système, transmises en ces points.

La composition de ces actions transmises se fait d'après les mêmes règles que celle des forces appliquées directement à un point libre.

D'où il résulte que :

La composition des mouvemens circulaires se fait, dans tous les cas, d'après les mêmes principes que celle des mouvemens rectilignes, en substituant aux intensités des forces qui tendent à produire ceux-ci, les momens de celles qui tendent à produire les premiers, et aux lignes droites qui marquent la direction des derniers, les plans dans lesquels les mouvemens de rotation tendent à s'effectuer.

Conclusion générale. — Nous avons considéré les mouvemens rectilignes et les mouvemens circulaires *uniformes*.

Les premiers ont été déterminés par la composition des forces directes dans les systèmes libres.

Les derniers, par celle des forces transmises dans les systèmes liés à des points ou à des axes fixes.

L'une et l'autre se font d'après les principes suivans :

Quel que soit le système d'actions qui tend à produire des mouvemens circulaires ou qui produit un mouvement rectiligne, ces actions ont toujours une action résultante unique.

La détermination de cette résultante peut se réduire à

celle de la résultante de deux actions qui s'exercent sur un même point ou dans un même plan.

Tous les points de sa direction sont à des distances des actions composantes, inversement proportionnelles aux intensités de ces actions.

Son intensité relative est égale à la somme ou à la différence des composantes estimées suivant sa direction.

Elle agit dans le sens de la plus grande.

DE L'ÉQUILIBRE.

Nous avons dit que l'équilibre est l'état d'un corps ou système quelconque dont la tendance au mouvement est neutralisée par une tendance contraire ; c'est-à-dire qui se trouve sous l'influence de deux tendances égales et contraires.

On dit encore que deux forces *se font équilibre* quand elles tendent à produire des mouvemens contraires et égaux ; c'est-à-dire quand leurs actions se neutralisent, soit directement, soit par transmission.

Ainsi il faut distinguer l'équilibre des corps et celui des forces.

Quand un corps est en équilibre il ne prend aucun mouvement par rapport à la masse des objets qui l'entourent et qui ne sont pas sous l'influence des forces qui le sollicitent : celles-ci se font nécessairement équilibre ; et tout système satisfaisant à cette condition pourra être appliqué au corps sans que son état soit troublé.

Mais quand un corps est en mouvement, si l'on supprime toutes les forces qui le sollicitent, il continuera, dès ce moment, à se mouvoir uniformément et indéfiniment, puisqu'aucune cause ne tendra à modifier ou arrêter son mouvement. Si pendant ce mouvement on applique au mobile un système de forces qui se fassent équilibre, ou bien si, au lieu de supprimer les forces qui les sollicitaient, on suppose que ces forces viennent à se faire équilibre, le mouvement restera constamment le même tant que cette condition sera satisfaite, puisque les forces qui lui sont appliquées n'auront d'autre effet que de se neutraliser entre elles : ainsi la manifestation sensible de l'équilibre des forces est, en général :

Que l'objet qu'elles sollicitent seules persévère dans son état mécanique.

Voyons maintenant quelles en sont les conditions nécessaires et suffisantes.

1° Dans tout système entièrement libre, deux forces égales et contraires se font équilibre, et si elles agissent seules, elles font persévérer le corps qu'elles sollicitent dans l'état où il se trouve ; en outre il résulte des principes de la composition des forces que, réciproquement, quand un mobile persévère dans son état mécanique, c'est-à-dire de mouvement ou d'équilibre, le système des forces qui le sollicite se réduit nécessairement à deux forces égales et contraires, et comme la composition donne les mêmes résultats dans quelqu'ordre qu'on l'effectue, il s'ensuit que la condition de l'équilibre des forces est que :

L'une quelconque des composantes soit égale et contraire à la résultante partielle de toutes les autres.

Donc étant donné un système quelconque de forces, pour lui faire équilibre, il faudra en déterminer la résultante générale et appliquer une force égale et contraire à celle-ci.

2° Pour un système lié à un point fixe on démontrerait par des considérations analogues qu'il faut que :

L'un quelconque des momens composans soit égal au

moment résulant partiel de tous les autres : que les mouvemens de rotation auxquels ces deux momens correspondent soient dirigés dans un même plan et en sens inverses.

Donc, étant donné un système quelconque de forces produisant un mouvement de rotation autour d'un point fixe, pour leur faire équilibre, il faudra en chercher le moment résultant total, et appliquer dans le plan de ce moment une force qui ait un moment égal à celui-ci et tende à produire un mouvement de rotation inverse de celui du système.

3° Enfin, dans le cas d'un axe fixe, il faudrait que l'équilibre eût lieu séparément entre les forces qui tendraient à produire le mouvement rectiligne de translation parallèle à cet axe et celles qui tendraient à produire le mouvement de rotation perpendiculaire.

Après avoir reconnu que l'équilibre des forces n'est qu'une condition nécessaire, et non pas, comme on pourrait être porté à le croire, la condition suffisante de l'équilibre des corps, il est naturel de rechercher par quelles dispositions particulières d'efforts on peut produire celui-ci : question très-intéressante pour les applications de la mécanique et qui paraît, au premier abord, plus difficile à résoudre qu'elle ne l'est réellement. En effet, étant donné un corps qui n'est pas en équilibre, c'est-à-dire qui est en mouvement, si on lui applique une force égale et contraire à la résultante de toutes celles qui le sollicitent, le mouvement ne s'arrêtera pas, mais deviendra uniforme ; si cette force qu'on applique est plus grande que la résultante précitée, elle neutralisera l'action de cette résultante et fera mouvoir le corps en sens contraire avec une intensité proportionnelle à la différence de leurs actions ; à moins qu'au moment précis et infiniment court où le mouvement dans le premier sens cesse pour reprendre dans le sens contraire, on supprime tout-à-coup l'action des forces et qu'on rende le corps entièrement libre, ce qui est absolument inexécutable dans tous les cas. *Il est donc réellement impossible de produire l'équilibre par l'application des forces ordinaires*, c'est-à-dire des forces capables de produire le mouvement. Il y a donc un autre ordre d'efforts impuissants ou *inactifs* par eux-mêmes et seulement susceptibles de résistance, efforts qui ne se développent que par opposition ou bien par *réaction* contre les premiers et qui cessent avec eux; c'est pourquoi on les appelle *forces passives*, ou mieux encore *résistances passives**. Telles sont les résistances des corps à la flexion, à la pénétration, à l'extension, etc. à un changement d'état quelconque; tel est encore le frottement, etc., nous en avons sous les yeux de continuels exemples.

Ainsi en résumant, l'équilibre des corps est bien produit, comme nous l'avons dit, par deux tendances égales et contraires, mais dont l'une est une tendance au mouvement et l'autre une tendance à *l'immobilité*.

* Nous n'avons pas fait cette distinction plus tôt parce qu'elle aurait compliqué inutilement nos considérations, attendu qu'elles s'appliquent, ainsi que tous les résultats qui en découlent, à ces nouveaux efforts qui se composent pendant tout le temps de leur développement, ou de l'action des autres forces, comme des forces ordinaires ayant leur intensité relative, leur direction et leur mode d'application faciles à déterminer.

DU MOUVEMENT UNIFORME

ET DES QUANTITÉS D'ACTION *.

Nous avons considéré jusqu'ici les effets géométriques de l'action des forces sans rechercher dans quelles circonstances elle pouvait naître.

Or, l'expérience et la raison nous apprennent qu'aucune force ou *puissance* ne peut se développer qu'autant qu'elle s'exerce sur un obstacle ou contre une autre force, qui lui est opposée et qu'on nomme *résistance* **, soit active, soit passive.

D'autre part, nous avons toujours supposé le mouvement produit constant ou *uniforme*, sans rechercher quelles sont les conditions dans lesquelles il peut l'être. Or, d'après ce qui précède, le mouvement uniforme a toujours lieu quand les actions des forces qui sollicitent le mobile pendant ce mouvement se font constamment équilibre. De plus, l'uniformité du mouvement ne peut naître et se maintenir qu'autant que cette condition est remplie ; car si elle ne l'est pas, ou qu'à un certain instant elle cesse de l'être, l'une des actions deviendra prépondérante sur la résultante des autres ; on pourra donc la regarder comme équivalente à l'ensemble de deux actions dont l'une fera équilibre à cette résultante,

* On reconnaîtra, dans ce chapitre et dans le précédent, les idées développées avec une si grande puissance de jugement et une clarté si brillante par M. *Poncelet*, dans le cours que cet illustre académicien a créé pour l'école d'application, où je les ai puisées, et dans son beau traité de mécanique industrielle.

** On appelle en général *résistance*, tout effort qui tend à imprimer au mobile un mouvement différent de celui qui est le but de l'application des forces, ou à s'opposer à celui-ci.

et dont l'autre, influant seule directement sur le mouvement du corps et n'étant point neutralisée, exercera sans cesse sur lui un nouvel effort dont les effets s'ajouteront et feront varier sa vitesse.

Il faut donc et il suffit, pour produire le mouvement uniforme d'un corps, qu'on le soumette à des efforts tels que, l'équilibre de ce corps étant détruit, à partir d'un certain instant, les puissances et les résistances se fassent équilibre : dès ce moment le mouvement sera uniforme et demeurera tel tant que cette condition sera satisfaite ; c'est-à-dire que la vitesse du mobile restera constamment égale à celle qu'il avait quand l'équilibre s'est établi, et dépendante de l'intensité de la puissance motrice.

Ainsi il y a deux choses à considérer dans les effets mécaniques des forces que nous considérons : les résistances auxquelles elles font équilibre dans le mouvement uniforme et l'intensité ou la vitesse de ce mouvement, qui est mesurée par la longueur du chemin parcouru dans un certain temps par le mobile résistant qu'elles sollicitent : de sorte qu'on ne connaît bien réellement toute la mesure de l'action d'une force qui produit un mouvement que par l'appréciation de ces deux élémens.

Supposons qu'une force F sollicite et fasse mouvoir uniformément un corps qui oppose une résistance R, soit directement, soit par transmission, en lui faisant parcourir pendant un certain temps quelconque t un chemin de longueur l; si cette force recommence sans interruption sur le mobile K fois le même travail, elle lui fera parcourir un chemin égal à Kl dans un temps K fois plus long ; ou, si elle lui fait parcourir pendant le même temps t ce chemin Kl, il faudra qu'elle produise dans ce temps un travail K fois plus considérable : d'un autre côté, il est évident que cette augmentation du travail serait encore la même si le moteur faisait parcourir dans le temps t le chemin l à un mobile qui opposerait une résistance KR; car il serait équivalent au travail total que produiraient K forces égales à F appliquées à K mobiles opposant chacun une résistance R. Ainsi, soit que la résistance vaincue ou le chemin parcouru varie, le travail du moteur varie dans le même rapport; il est par conséquent proportionnel au produit de ces deux élémens, et comme ce sont les seuls qui puissent influer sur le travail, on a pris ce produit pour sa mesure numérique et on l'a appelé *quantité de travail* ou *d'action*.

REMARQUE. — Lorsque le mouvement du mobile est uniforme, la puissance exerçant toujours une action égale à celle de la résistance, son intensité peut être substituée à celle de cette dernière dans le produit précité.

Voyons maintenant quelles sont les propriétés fondamentales de ces quantités d'action :

1° Dans le mouvement rectiligne. Soit F (Fig. 45) une force quelconque; si le chemin parcouru par le mobile est dans sa direction (AD par exemple) la quantité d'action de cette force sera $F \times AD$; mais si par suite de l'action d'autres forces, ou des résistances, ou des liaisons du système, le mobile parcourt un chemin AC dans une direction différente, la force F se décomposera en deux, l'une f suivant AC et l'autre f' suivant une direction perpendiculaire à AC, laquelle aura une quantité d'action nulle : ainsi celle F se réduira à celle de f ou à $f \times AC$; or, si l'on projette CA sur la direction de F, on voit par la similitude des triangles rectangles ABC, AFf que $f \times AC = F \times AB$: ainsi *la quantité d'action d'une force est égale au produit de l'intensité de cette force par la longueur du chemin parcouru, estimé suivant sa direction;*

ou au produit du chemin réellement parcouru, multiplié par l'intensité de la force estimée suivant la direction de ce chemin.

Si l'on se rappelle maintenant que tout mobile sollicité par plusieurs forces se meut toujours dans la direction de leur résultante et que l'intensité de cette résultante est, dans tous les cas, égale à la somme algébrique des intensités des composantes estimées suivant cette direction, on arrive immédiatement à cette conséquence remarquable que :

Dans tout système qui produit un mouvement rectiligne la quantité d'action de la résultante est égale à la somme algébrique des quantités d'action des composantes.

2° Dans les mouvemens circulaires. Soit F (Fig. 46) une force qui sollicite un mobile en agissant perpendiculairement à l'extrémité a d'un bras de levier aP dont l'autre extrémité P est fixe ; $aa'=s$ l'arc parcouru au bout d'un certain temps dans le plan FaP par le point a, et $aPa'=A$ l'angle décrit en même temps par le bras de levier a $P=p$. La quantité d'action développée sur le point a par la force F est $Fs=FpA=Fp.A$: la quantité d'action transmise par la même force en un point quelconque b serait $F\frac{p}{Pb}\times$ arc $bb'=F\frac{p}{Pb}\times Pb.A$ $=Fp.A$; il en serait de même pour tout autre point lié invariablement à ceux-ci.

Si l'arc parcouru par le point a était situé dans un plan quelconque MPa (F. 47) cela proviendrait, comme pour le mouvement rectiligne, de ce que la force F perdrait par les liaisons du système dont elle ferait partie une portion de son intensité perpendiculairement au plan du mouvement, et ne développerait qu'une quantité d'action égale à celle de sa composante aQ située dans ce plan, laquelle, en vertu d'un théorème connu de géométrie, serait encore perpendiculaire en a au même bras de levier aP: or, en appelant K le rapport de cette force à sa projection, celle-ci serait $\frac{1}{K}F$ ainsi la quantité d'action de F serait $\frac{1}{K}F \times \text{arc } am = \frac{1}{K}F \times p.A'$ en appelant A' l'angle aPm, ou bien encore $\frac{1}{K}Fp \times A'$; mais $\frac{1}{K}Fp$ est le moment de la force, estimé suivant le plan du mouvement donc :

Dans les mouvemens circulaires la quantité d'action d'une force est égale au produit de l'angle décrit par son bras de levier multiplié par le moment de cette force estimé suivant le plan du mouvement.

Toute force tendant à les produire transmet à tous les points du mobile des quantités d'action égales.

Et comme dans tout système de forces produisant un mouvement circulaire le moment résultant est égal à la somme algébrique des momens composans estimés suivant le plan du mouvement résultant, il s'ensuit que le principe des quantités d'action a lieu pour les mouvemens circulaires comme pour les mouvemens rectilignes.

Enfin, dans les mouvemens autour d'un axe fixe, ce principe aurait lieu séparément pour le mouvement rectiligne de translation parallèle à cet axe et pour le mouvement de rotation perpendiculaire.

Si l'on se rappelle maintenant que la condition générale du mouvement uniforme est que l'action, soit directe, soit transmise, de l'une quelconque des forces du système qui le produit soit égale à celle qui résulte de l'ensemble de toutes les autres, et si l'on remarque qu'il ressort nécessairement des principes de la composition des forces que cette condition ne peut être rigoureusement satisfaite que pour les systèmes qui produisent ou tendent à produire un mouvement rectiligne, ou circulaire, ou composé de ces deux mouvemens, on voit que toute la théorie de la composition des forces qui peuvent produire le mouvement uniforme se résume en ce principe simple et unique, savoir que :

La quantité d'action résultante est égale à la somme algébrique des quantités d'action composantes.

Et que la condition générale nécessaire et suffisante de l'équilibre ou de l'uniformité du mouvement est que cette quantité d'action résultante soit nulle, ou que :

La somme des quantités d'action des puissances soit égale à celle des quantités d'action des résistances.

(*a*) NOTE

SUR LES DIFFÉRENS MODES D'ACTION DES FORCES.

Les effets produits par les forces, dépendent non-seulement de la manière dont elles sont appliquées, mais encore du *temps* pendant lequel elles agissent et des *variations de leur intensité* pendant ce temps.

1° On peut supposer que les forces agissent pendant un temps infiniment court ou nul par une sorte d'impulsion unique (auquel cas on les appelle forces instantanées); il en résulte nécessairement pour le mobile qu'elles sollicitent un mouvement uniforme. Mais cette hypothèse qui convient aux cas où ce mobile est un corps purement géométrique ou abstrait, tels que ceux qui nous ont occupés, n'est pas réalisable dans la pratique, parce que les forces se transmettant à travers les corps physiques dans un temps fini, ne peuvent leur communiquer un mouvement quelconque qu'au bout de ce temps, et lorsque leur transmission s'est entièrement faite à toutes les particules de ces corps.

D'où ressort ce principe que :

Nulle force finie ne peut imprimer de mouvement à un corps dans un temps infiniment court.

2° Une force quelconque agissant toujours dans un certain temps fini, on conçoit que les actions qu'elle développe à chaque instant sur le mobile qu'elle sollicite s'ajoutent entr'elles et augmentent continuellement leurs effets, c'est pourquoi on nomme ordinairement *forces accélératrices* celles qui agissent dans le sens du mouvement produit, et *forces retardatrices* celles qui agissent dans le sens opposé.

Les unes et les autres peuvent être *constantes*, c'est-à-dire, agir constamment avec la même intensité; ou *variables*, c'est-à-dire agissant avec une intensité variable, croissante ou décroissante. Enfin leurs directions peuvent rester les mêmes ou changer pendant la durée de leur action.

Lorsque l'une d'elles agit seule sur un mobile, elle lui fait toujours parcourir des espaces de plus en plus grands ou petits, dans le même temps ; c'est-à-dire qu'elle lui imprime un *mouvement varié.*

Ce mouvement est rectiligne si la direction de la force ne change pas ; il est en ligne courbe dans le cas contraire.

3° Lorsque la force en action est constante, le mouvement qu'elle produit s'accélère ou se retarde constamment de quantités égales, c'est pourquoi l'on dit qu'il est *uniformément varié.*

Lorsque plusieurs forces constantes agissent ensemble elles ne peuvent produire de mouvement uniforme.

Il en est de même d'un système de forces variables.

4° Enfin, et c'est le cas le plus ordinaire de la pratique, lorsque des forces constantes sont combinées avec des forces variables, si les intensités de celles-ci augmentent ou diminuent suivant une loi constante, il peut arriver un instant où elles font équilibre aux premières, à partir de cet instant le mouvement est uniforme*. D'où il ressort que :

Aucun mouvement réel ne peut être uniforme dès son origine. Le mouvement uniforme ne peut résulter que d'un système de forces constantes et de forces variables dans lequel l'intensité de celles-ci varie suivant une loi constante.

La détermination des lois qui régissent les mouvemens non-uniformes appartient à des parties plus élevées de la mécanique : nous dirons seulement qu'on pourrait, en employant la méthode des limites, supposer le mouvement uniforme pendant une suite de temps très-courts, en étudier les propriétés dans cette hypothèse, et examiner ce qu'elles deviennent lorsque les temps décroissent d'une manière continue jusqu'à devenir infiniment petits ou nuls. La méthode ordinairement employée n'est pas tout-à-fait telle ; mais toujours est-il qu'elle se fonde comme celle-ci sur les principes de la composition des mouvemens uniformes qui sont la base nécessaire de toutes les études mécaniques.

* On n'a pas donné la démonstration de ces propositions parce qu'elle est très-facile et qu'elle doit se présenter naturellement à l'esprit de toute personne qui a compris ce qui précède.

TABLE DES COEFFICIENS DE PROJECTION

Calculés de dix en dix minutes pour tous les degrés du quart de cercle. *

Nous avons fait voir (Pag. 37) que la projection d'une force ou en général d'une ligne droite de longueur donnée sur une autre droite faisant avec la première un angle connu, peut se déduire de cette longueur en la multipliant par un certain nombre qu'on nomme ordinairement *cosinus*, et que nous avons appelé *coefficient de projection* de cet angle. La détermination des projections étant d'une grande importance, non-seulement pour la composition des forces, mais aussi dans beaucoup d'autres recherches très-utiles, nous avons formé la table suivante des coefficiens de projection ; complément nécessaire des théories qui précèdent.

L'emploi de cette table ne sera pas borné à celui que nous venons d'indiquer : en effet, la perpendiculaire **BC** qui projette une ligne droite **AB** sur une autre **AC** sous l'angle **BAC** (Fig. 48), peut être regardée elle-même comme la projection de **AB** sur sa direction sous l'angle **ABC** qui est égal à (90° — **BAC**) et réciproquement ; ainsi lorsqu'on voudra connaître la perpendiculaire projetante **

* Nous n'avons donné les coefficiens de projection que pour des angles compris entre 0 et 90° parce que ce sont les seuls sous lesquels on puisse avoir à projeter une ligne ou une surface. On pourra d'ailleurs facilement s'assurer, comme étude géométrique, que les lignes de projection, à partir de 90°, se reproduisent périodiquement égales à celles qui conviennent aux angles du quart de cercle.

** La perpendiculaire projetante se nomme ordinairement *sinus* de l'angle de projection.

sous un angle de projection donné, il faudra multiplier la ligne qu'on projetera par le coefficient de projection relatif à un angle complément du premier. On verra en outre plus loin que ces tables satisfont à toutes les autres circonstances du problème des projections.

La disposition en est trop simple pour qu'il soit nécessaire de l'expliquer. Les valeurs des coefficiens qu'elles renferment ne sont pas rigoureusement exactes, mais suffisamment approchées pour l'usage, car elles sont vraies à moins de $\frac{1}{100000}$ près : l'erreur est en moins.

Lorsqu'on voudra connaître le coefficient correspondant à un angle qui ne soit pas d'un nombre entier de dixaines de minutes, on prendra celui du plus grand des deux angles des tables entre lesquels il sera compris, auquel on ajoutera une certaine quantité que l'on déterminera au moyen d'une proportion établie comme nous allons le faire voir par des exemples : 1° supposons qu'on veuille projeter une ligne sous un angle de 35° 43′ ; cet angle est compris entre 35° 40′ et 35° 50′, angles dont les coefficiens de projection respectifs sont 0,81242 et 0,81072 : comme d'ailleurs les coefficiens diminuent quand les angles augmentent, celui que nous cherchons est égal à 0,81072 plus une certaine quantité d ; or on peut supposer sans erreur sensible que pour des angles qui diffèrent entre eux de 10 minutes au plus, les différences entre ces angles varient dans le même rapport que les différences entre leurs coefficiens : cela posé, la différence de 10′ entre les angles précités, en donne une de 0,81242 — 0,81072 ou 0,0017 entre les coefficiens correspondans ; l'angle donné diffère de 7′ du plus grand de ces angles, ainsi

$$10 : 7 :: 0,0017 : d = \frac{7 \times 0,0017}{10} = 0,00119,$$

le coefficient cherché est donc

$$0,81072 + 0,00119 = 0,81191.$$

2° Soit l'angle donné de 48° 32′ 20″ : cet angle est compris entre ceux de 48° 30′ et 48° 40′, dont les coefficiens respectifs sont 0,66262 et 0,66044, la différence de ceux-ci est 0,00218 ; la différence entre l'angle donné et celui de 48° 40′ est de 7′ 40″ ou 460″, et comme 10′ font 600″, on a

$$600 : 460 :: 0,00218 : d = \frac{460 \times 0,00218}{600} = 0,00167,$$

ainsi le coefficient cherché est

$$0,66044 + 0,00167 = 0,66211.$$

3° Si l'angle donné contenait en outre des fractions de secondes, on réduirait les différences entre les angles en fractions de l'espèce de celles-là.

On résoudra de même le problème inverse qui consiste à déterminer un angle de projection lorsqu'on en connaît le coefficient : on examinera d'abord s'il est dans les tables et dans ce cas on trouvera à sa gauche, dans la colonne des angles, celui qu'on cherchera ; mais supposons qu'il n'en soit pas ainsi, et soit par exemple 0,05342 ce coefficient. Il est compris entre 0,05524 et 0,05233 qui correspondent aux angles de 86° 50′ et 87°, et dont la différence est 0,00291 ; l'angle cherché sera de 86° 50′, plus un certain nombre d de minutes donné par la proportion

$$0,00291 : 10 :: 0,00182 : d = \frac{10' \times 0,00182}{0,05233} = 0',348 = 0'\ 20'',88,$$

ainsi l'angle cherché est de 86° 50′ 20″,88.

2° Si l'on connaissait la ligne projetée et sa projection,

on diviserait la dernière par la première ; le quotient obtenu serait le coefficient de projection, et l'on en trouverait l'angle comme il vient d'être dit.

3° Si l'on connaissait la longueur a de la perpendiculaire projetante et celle p de la projection, la ligne projetée serait égale à $\sqrt{a^2+p^2}$ * et le coefficient de projection à $\frac{p}{\sqrt{a^2+p^2}}$.

4° Si l'on avait la ligne projetée l et la perpendiculaire projetante a, on diviserait encore celle-ci par la première, ce qui donnerait le coefficient relatif à un angle complément de celui de projection ; on déterminerait cet angle complément A', et l'angle cherché serait égal à $90° - A'$. Si dans le même cas c'était le coefficient $\frac{1}{K}$ de l'angle de projection et non cet angle qu'on eût besoin de connaître, on observerait que la projection serait égale à $\sqrt{l^2-a^2}$, et le coefficient $\frac{1}{K} = \frac{\sqrt{l^2-a^2}}{l}$.

5° Enfin, si c'était l'angle de projection ou son complément qu'on connût avec l'une des lignes de projection, la table donnerait le coefficient de projection convenable, et par une multiplication ou une division, on obtiendrait les lignes de projection cherchées.

Exemples. — 1° *Déterminer avec quelle vitesse doit*

* L'illustre et savant M. Poncelet à qui les arts industriels doivent tant, a découvert et démontré (*Notes du cours de l'Ecole d'Application*) que toute expression de la forme $\sqrt{A^2+B^2}$ est égale à $\frac{1}{25}$ près à $0{,}96 . A + 0{,}4 . B$, si A est plus grand que B ; ou seulement à $\frac{1}{6}$ près égale à $0{,}83\,(A+B)$, si l'on ne connaît pas d'avance l'ordre de grandeur de ces quantités ; formules qui sont particulièrement très-utiles pour les applications de la composition des forces, et en simplifient beaucoup les calculs.

se mouvoir uniformément un mobile sollicité par deux forces concourantes **F** *et* **F'**, *agissant dans un même plan à des distances* a $=0^m,30$, a' $=0^m,40$, *d'un point de la direction de leur résultante, situé à* $0^m,80$ *de leur point de concours, sachant que la force* **F** *agissant seule, imprimerait à ce mobile une vitesse de* $2^m,15$ *par* $1''$?

On aura d'abord

$$Fa = F'a', \quad \text{d'où} \quad F' = \frac{Fa}{a'} = \frac{2,15 \times 0,30}{0,40} = 1,61\,*,$$

puis

$$F\frac{1}{K} + F'\frac{1}{K'} = R,$$

or, $\frac{1}{K} = \frac{\sqrt{l^2 - a^2}}{l} = \frac{\sqrt{(0,80)^2 - (0,30)^2}}{0,80} = 0,92750$; de même $\frac{1}{K'} = \frac{\sqrt{l^2 - a'^2}}{l} = 0,86500$, ainsi

$$R = 2,15 \times 0,9275 + 1,61 \times 0,865 = 3,39,$$

la vitesse cherchée est donc de $3^m,39$ par $1''$.

2° *Quelles sont les intensités relatives des deux forces* **F** *et* **F'** *qu'il faudrait appliquer au même point* **A** *d'un mobile sous un angle de* 25°, *pour qu'il se mût en ligne droite dans le plan de ces forces, suivant une direction donnée* **A.......D** *avec une vitesse de* $2^m,50$ *par* $1''$; *la force* **F** *devant faire, avec cette direction, un angle de* 7° 30' ?

Le coefficient de projection relatif à l'angle de 25°, est 0,90631, et celui de l'angle de 7° 30', 0,99144 ;

* Il faut se rappeler ici que les forces sont entre elles comme les vitesses qu'elles impriment, c'est-à-dire comme leurs effets sur un même mobile (pag. 18).

de plus, la force F' fera avec $A \ldots\ldots D$ un angle de $25^{\circ} - 7^{\circ}\,30' = 17^{\circ}\,30'$, dont le coefficient est 0,95371 ; donc, $2,50 = F \times 0,99144 + F' \times 0,95371$. Rappelons-nous maintenant que d'après la formule $R \cos RAF = F + F' \cos FAF'$ (pag. 45), on a encore

$$2,50 \times 0,99144 = F + F' \times 0,90631.$$

De la première relation on tire $F = \dfrac{2,50 - F' \times 0,95371}{0,99144}$, et de la seconde, $F = 2,50 \times 0,99144 - F' \times 0,90631$; donc

$$\frac{2,50 - F'' \times 0,95371}{0,99144} = 2,50 \times 0,99144 - F' \times 0,90631,$$

d'où l'on tire $F' = 0,740$, et par suite $F = 1,815$.

ANGLES.		COEFFICIENTS	ANGLES.		COEFFICIENTS	ANGLES.		COEFFICIENTS
0°	0′	1,00000	5°	20′	0,99567	10°	40′	0,98272
0	10	0,99999	5	30	0,99539	10	50	0,98218
0	20	0,99998	5	40	0,99511	11	0	0,98162
0	30	0,99996	5	50	0,99482	11	10	0,98106
0	40	0,99993	6	0	0,99452	11	20	0,98050
0	50	0,99989	6	10	0,99421	11	30	0,97993
1	0	0,99984	6	20	0,99389	11	40	0,97934
1	10	0,99979	6	30	0,99347	11	50	0,97875
1	20	0,99973	6	40	0,99324	12	0	0,97814
1	30	0,99966	6	50	0,99290	12	10	0,97754
1	40	0,99958	7	0	0,99254	12	20	0,97693
1	50	0,99949	7	10	0,99219	12	30	0,97629
2	0	0,99939	7	20	0,99182	12	40	0,97567
2	10	0,99928	7	30	0,99144	12	50	0,97502
2	20	0,99917	7	40	0,99107	13	0	0,97437
2	30	0,99905	7	50	0,99077	13	10	0,97371
2	40	0,99892	8	0	0,99026	13	20	0,97304
2	50	0,99878	8	10	0,98986	13	30	0,97237
3	0	0,99863	8	20	0,98944	13	40	0,97169
3	10	0,99847	8	30	0,98902	13	50	0,97100
3	20	0,99831	8	40	0,98858	14	0	0,97029
3	30	0,99813	8	50	0,98814	14	10	0,96959
3	40	0,99795	9	0	0,98768	14	20	0,96887
3	50	0,99776	9	10	0,98723	14	30	0,96815
4	0	0,99756	9	20	0,98676	14	40	0,96720
4	10	0,99736	9	30	0,98631	14	50	0,96667
4	20	0,99714	9	40	0,98581	15	0	0,96592
4	30	0,99691	9	50	0,98531	15	10	0,96517
4	40	0,99669	10	0	0,98480	15	20	0,96440
4	50	0,99644	10	10	0,98430	15	30	0,96363
5	0	0,99619	10	20	0,98378	15	40	0,96285
5	10	0,99594	10	30	0,98325	15	50	0,96206

ANGLES.		COEFFICIENTS	ANGLES.		COEFFICIENTS	ANGLES.		COEFFICIENTS
16°	0'	0,96126	21°	20'	0,93148	26°	40'	0,89363
16	10	0,96046	21	30	0,93042	26	50	0,89233
16	20	0,95964	21	40	0,92935	27	0	0,89100
16	30	0,95882	21	50	0,92827	27	10	0,89968
16	40	0,95799	22	0	0,92718	27	20	0,89835
16	50	0,95715	22	10	0,92609	27	30	0,88701
17	0	0,95630	22	20	0,92499	27	40	0,88566
17	10	0,95545	22	30	0,92388	27	50	0,88431
17	20	0,95459	22	40	0,92276	28	0	0,88295
17	30	0,95371	22	50	0,92164	28	10	0,88158
17	40	0,95283	23	0	0,92050	28	20	0,88020
17	50	0,95195	23	10	0,91936	28	30	0,87882
18	0	0,95105	23	20	0,91821	28	40	0,87743
18	10	0,95015	23	30	0,91706	28	50	0,87603
18	20	0,94924	23	40	0,91589	29	0	0,87462
18	30	0,94833	23	50	0,91473	29	10	0,87321
18	40	0,94739	24	0	0,91354	29	20	0,87178
18	50	0,94646	24	10	0,91236	29	30	0,87037
19	0	0,94552	24	20	0,91117	29	40	0,86892
19	10	0,94457	24	30	0,90996	29	50	0,86747
19	20	0,94361	24	40	0,90875	30	0	0,86602
19	30	0,94264	24	50	0,90753	30	10	0,86456
19	40	0,94167	25	0	0,90631	30	20	0,86310
19	50	0,94068	25	10	0,90506	30	30	0,86163
20	0	0,93969	25	20	0,90383	30	40	0,86015
20	10	0,93869	25	30	0,90258	30	50	0,85867
20	20	0,93769	25	40	0,90133	31	0	0,85717
20	30	0,93667	25	50	0,90007	31	10	0,85567
20	40	0,93565	26	0	0,89879	31	20	0,85416
20	50	0,93462	26	10	0,89752	31	30	0,85264
21	0	0,93358	26	20	0,89623	31	40	0,85111
21	10	0,93253	26	30	0,89493	31	50	0,84959

ANGLES.	COEFFICIENTS	ANGLES.	COEFFICIENTS	ANGLES.	COEFFICIENTS
32° 0'	0,84805	37° 20'	0,79512	42° 40'	0,73531
32 10	0,84650	37 30	0,79335	42 50	0,73334
32 20	0,84495	37 40	0,79158	43 0	0,73135
32 30	0,84339	37 50	0,78980	43 10	0,72937
32 40	0,84183	38 0	0,78801	43 20	0,72737
32 50	0,84025	38 10	0,78622	43 30	0,72538
33 0	0,83867	38 20	0,78441	43 40	0,72337
33 10	0,83708	38 30	0,78261	43 50	0,72136
33 20	0,83549	38 40	0,78079	44 0	0,71934
33 30	0,83389	38 50	0,77898	44 10	0,71732
33 40	0,83228	39 0	0,77714	44 20	0,71527
33 50	0,83066	39 10	0,77531	44 30	0,71325
34 0	0,82904	39 20	0,77347	44 40	0,71121
34 10	0,82740	39 30	0,77162	44 50	0,70916
34 20	0,82577	39 40	0,76977	45 0	0,70711
34 30	0,82413	39 50	0,76791	45 10	0,70505
34 40	0,82248	40 0	0,76604	45 20	0,70298
34 50	0,82082	40 10	0,76417	45 30	0,70091
35 0	0,81915	40 20	0,76229	45 40	0,69883
35 10	0,81748	40 30	0,76041	45 50	0,69675
35 20	0,81580	40 40	0,75851	46 0	0,69466
35 30	0,81412	40 50	0,75661	46 10	0,69256
35 40	0,81242	41 0	0,75470	46 20	0,69046
35 50	0,81072	41 10	0,75280	46 30	0,68835
36 0	0,80901	41 20	0,75088	46 40	0,68624
36 10	0,80730	41 30	0,74896	46 50	0,68412
36 20	0,80558	41 40	0,74702	47 0	0,68199
36 30	0,80385	41 50	0,74509	47 10	0,67987
36 40	0,80213	42 0	0,74314	47 20	0,67773
36 50	0,80038	42 10	0,74120	47 30	0,67559
37 0	0,79863	42 20	0,73924	47 40	0,67344
37 10	0,79688	42 30	0,73728	47 50	0,67139

ANGLES.	COEFFICIENTS	ANGLES.	COEFFICIENTS	ANGLES.	COEFFICIENTS
48° 0'	0,66913	53° 20'	0,59716	58° 40'	0,52002
48 10	0,66697	53 30	0,59482	58 50	0,51753
48 20	0,66480	53 40	0,59248	59 0	0,51504
48 30	0,66262	53 50	0,59014	59 10	0,51254
48 40	0,66044	54 0	0,58778	59 20	0,51004
48 50	0,65825	54 10	0,58543	59 30	0,50754
49 0	0,65606	54 20	0,58307	59 40	0,50503
49 10	0,65386	54 30	0,58070	59 50	0,50252
49 20	0,65166	54 40	0,57833	60 0	0,50000
49 30	0,64945	54 50	0,57596	60 10	0,49748
49 40	0,64723	55 0	0,57357	60 20	0,49495
49 50	0,64501	55 10	0,57119	60 30	0,49242
50 0	0,64278	55 20	0,56880	60 40	0,48989
50 10	0,64056	55 30	0,56641	60 50	0,48735
50 20	0,63832	55 40	0,56401	61 0	0,48481
50 30	0,63608	55 50	0,56150	61 10	0,48226
50 40	0,63383	56 0	0,55919	61 20	0,47971
50 50	0,63158	56 10	0,55678	61 30	0,47716
51 0	0,62932	56 20	0,55436	61 40	0,47460
51 10	0,62706	56 30	0,55194	61 50	0,47204
51 20	0,62479	56 40	0,54951	62 0	0,46947
51 30	0,62251	56 50	0,54707	62 10	0,46690
51 40	0,62023	57 0	0,54464	62 20	0,46433
51 50	0,61795	57 10	0,54220	62 30	0,46175
52 0	0,61566	57 20	0,53975	62 40	0,45917
52 10	0,61337	57 30	0,53730	62 50	0,45658
52 20	0,61107	57 40	0,53484	63 0	0,45399
52 30	0,60876	57 50	0,53238	63 10	0,45140
52 40	0,60645	58 0	0,52992	63 20	0,44880
52 50	0,60413	58 10	0,52745	63 30	0,44620
53 0	0,60181	58 20	0,52497	63 40	0,44359
53 10	0,59949	58 30	0,52250	63 50	0,44098

ANGLES.	COEFFICIENTS	ANGLES.	COEFFICIENTS	ANGLES.	COEFFICIENTS
64° 0'	0,43837	69° 20'	0,35293	74° 40'	0,26443
64 10	0,43575	69 30	0,35021	74 50	0,26163
64 20	0,43313	69 40	0,34748	75 0	0,25882
64 30	0,43051	69 50	0,34475	75 10	0,25601
64 40	0,42788	70 0	0,34202	75 20	0,25319
64 50	0,42525	70 10	0,33928	75 30	0,25038
65 0	0,42262	70 20	0,33655	75 40	0,24750
65 10	0,41998	70 30	0,33381	75 50	0,24474
65 20	0,41734	70 40	0,33106	76 0	0,24192
65 30	0,41469	70 50	0,32831	76 10	0,23910
65 40	0,41204	71 0	0,32557	76 20	0,23627
65 50	0,40939	71 10	0,32281	76 30	0,23344
66 0	0,40673	71 20	0,32006	76 40	0,23062
66 10	0,40408	71 30	0,31730	76 50	0,22778
66 20	0,40142	71 40	0,31454	77 0	0,22495
66 30	0,39874	71 50	0,31178	77 10	0,22211
66 40	0,39608	72 0	0,30901	77 20	0,21928
66 50	0,39341	72 10	0,30625	77 30	0,21644
67 0	0,39073	72 20	0,30348	77 40	0,21359
67 10	0,38805	72 30	0,30070	77 50	0,21076
67 20	0,38537	72 40	0,29793	78 0	0,20791
67 30	0,38268	72 50	0,29515	78 10	0,20506
67 40	0,37999	73 0	0,29237	78 20	0,20221
67 50	0,37730	73 10	0,28959	78 30	0,19937
68 0	0,37460	73 20	0,28680	78 40	0,19651
68 10	0,37191	73 30	0,28401	78 50	0,19366
68 20	0,36921	73 40	0,28122	79 0	0,19081
68 30	0,36650	73 50	0,27843	79 10	0,18795
68 40	0,36379	74 0	0,27563	79 20	0,18509
68 50	0,36108	74 10	0,27284	79 30	0,18224
69 0	0,35836	74 20	0,27004	79 40	0,17938
69 10	0,35565	74 30	0,26724	79 50	0,17516

ANGLES.		COEFFICIENTS	ANGLES.		COEFFICIENTS	ANGLES.		COEFFICIENTS
80°	0'	0,17364	83°	30'	0,11320	87°	0'	0,05233
80	10	0,17078	83	40	0,11031	87	10	0,04943
80	20	0,16791	83	50	0,10742	87	20	0,04652
80	30	0,16505	84	0	0,10453	87	30	0,04362
80	40	0,16218	84	10	0,10163	87	40	0,04071
80	50	0,15931	84	20	0,09874	87	50	0,03780
81	0	0,15643	84	30	0,09594	88	0	0,03490
81	10	0,15356	84	40	0,09295	88	10	0,03199
81	20	0,15068	84	50	0,09005	88	20	0,02908
81	30	0,14781	85	0	0,08715	88	30	0,02617
81	40	0,14493	85	10	0,08425	88	40	0,02326
81	50	0,14205	85	20	0,08135	88	50	0,02036
82	0	0,13917	85	30	0,07846	89	0	0,01745
82	10	0,13629	85	40	0,07555	89	10	0,01454
82	20	0,13341	85	50	0,07265	89	20	0,01163
82	30	0,13052	86	0	0,06975	89	30	0,00872
82	40	0,12764	86	10	0,06685	89	40	0,00581
82	50	0,12476	86	20	0,06395	89	50	0,00291
83	0	0,12187	86	30	0,06104	90	0	0,00000
83	10	0,11898	86	40	0,05814			
83	20	0,11609	86	50	0,05524			

APPLICATIONS.

Nous allons faire maintenant, des principes fondamentaux exposés dans cet ouvrage, quelques applications qui, bien que relatives à des circonstances abstraites et à des corps purement géométriques, achèveront de faire comprendre la portée et la signification précise de ces principes, et pourront servir de transition entre nos théories générales et les applications réelles qu'on en peut faire dans la pratique.

Les exemples données pour montrer l'usage de la table précédente suffisent pour la composition des *forces concourantes*. Quant aux *forces parallèles*, les formules de leur composition sont trop faciles et trop simples pour que nous en donnions des exemples : nous les remplacerons par une application théorique très-importante des principes de cette composition.

On sait que tous les corps qui sont sur la terre, abandonnés à eux-mêmes tombent en ligne droite; ils sont donc sollicités par une certaine force naturelle; cette force est appelée *pesanteur* ou *gravité*. La ligne qu'ils suivent dans leur chûte est celle que prend un fil-aplomb suspendu librement par une de ses extrémités, elle est toujours dirigée vers le centre du globe et on l'appelle *verticale*. Comme les corps les plus petits obéissent à cette loi il est évident que la pesanteur agit sur toutes les particules d'un même corps suivant les différentes verticales qui passent par ces particules et la résultante de toutes ces actions partielles est ce qu'on nomme le *poids* du corps. Tous les corps que nous pouvons considérer à la surface du globe sont de si faible étendue relativement à leur distance au centre qu'on peut regarder comme parallèles toutes ces actions partielles de la pesanteur sur un même corps. Ainsi tout objet physique est sollicité naturellement par un système de forces parallèles verticales et de même sens; le centre des forces parallèles pour ces systèmes se nomme *centre de gravité,* et lorsque, dans des applications réelles, on veut tenir compte de l'action de la pesanteur, il faut la considérer comme une force verticale égale au poids du corps dont on s'occupe et appliquée en son centre de gravité. Ainsi la recherche de ces points est très-importante. Nous nous proposons ici de donner des moyens, soit géométriques, soit mécaniques, de déterminer les centres de gravité de tous les corps.

RECHERCHE DES CENTRES DE GRAVITÉ.

Nous nous occuperons d'abord des corps homogènes, c'est-à-dire dont toutes les particules sont de même nature, de même poids et uniformément réparties.

La position relative de la résultante d'un système quelconque de forces parallèles ne dépendant que de celles de ces forces et des rapports entre leurs intensités, il s'ensuit que :

La position du centre de gravité d'un corps homogène quelconque est indépendante de sa nature et de son poids, et ne dépend que de sa forme extérieure ou de sa figure.

Il en résulte encore que : *dans les corps ou figures semblables les centres de gravité sont semblablement placés.*

Quoique les surfaces et les lignes manquant d'une ou de deux des dimensions de la matière ne puissent avoir de poids, on appelle par analogie centre de gravité de ces figures celui que l'on trouve en supposant tous leurs points également pesants : on en verra plus loin l'utilité : les deux principes généraux que nous venons d'énoncer s'appliquent évidemment à ces figures.

Lorsqu'un plan divise en deux parties parfaitement symétriques un corps de figure quelconque, les deux parties étant de poids égaux et leurs centres de gravité étant placés symétriquement par rapport à ce plan, il contient le centre de gravité général du corps : de même si un corps est symétrique par rapport à un axe ou un point, tous les plans qui passent par cet axe ou ce point, le partageant en deux parties symétriques, contiennent son centre de gravité qui se trouve par conséquent à leur intersection commune c'est-à-dire sur cet axe ou en ce point : cette propriété s'étend également aux surfaces et aux lignes, ainsi :

Toute figure symétrique par rapport à un plan, une droite ou un point a son centre de gravité dans ce plan, sur cette droite, ou en ce point.

Les poids des diverses parties d'un corps homogène étant entre eux dans le même rapport que leurs volumes, on peut leur substituer ceux-ci dans la recherche des centres de gravité. On peut de même aux poids dont sont supposées chargées les surfaces substituer leurs aires, et pour les lignes leurs longueurs. Ainsi, lorsqu'on connaît les centres de gravité des différentes parties d'une figure quelconque et les volumes, les aires ou les longueurs de ces parties on peut facilement en déterminer le centre de gravité général, soit par la composition successive, soit par les momens. A cet effet, pour employer la première méthode, on représente chacune des parties d'une figure par une force verticale appliquée en son centre de gravité et d'une intensité relative égale au volume, à l'aire ou à la longueur de cette partie; puis on opère sur ce système de forces parallèles selon les règles ordinaires. Si l'on veut appliquer la théorie des momens, on observera que, d'après ce qui a été dit sur le centre des forces parallèles, si l'on désigne par D la distance du centre de gravité total à un plan quelconque et par d, d', d'', d''', etc., les distances des centres de gravité partiels au même plan, puis par S S' S'' etc., les parties correspondantes de la figure à laquelle ils appartiennent, on doit avoir

$$D = \frac{Sd + S'd' + S''d'' + \text{etc.}}{S + S' + S'' \text{ etc.}} \quad (1).$$

On choisira donc trois plans selon les particularités de la question, on calculera les distances D, D_1, D_2 du centre de gravité cherché à ces trois plans, on mènera à ces distances trois autres plans respectivement parallèles aux premiers et leur point d'intersection sera ce centre.

Ces deux méthodes étant très-simples et généralement faciles à appliquer nous ne rechercherons ici que les centres de gravité des élémens géométriques dans lesquels toute figure peut se décomposer.

Centres de gravité des lignes. — Le centre de gravité d'une ligne droite étant au milieu de sa longueur, celui du contour d'un polygone quelconque se trouvera en supposant appliquées aux points milieux des côtés de ce polygone des forces proportionnelles aux longueurs de ces côtés.

Le centre de gravité d'une courbe quelconque se trouvera approximativement en lui substituant un polygone inscrit dont les côtés soient très-petits, et plus ces côtés seront petits plus l'opération sera exacte.

Il est d'ailleurs évident que le centre de gravité d'une circonférence de cercle ou du périmètre d'un polygone régulier est en leur centre.

Surfaces. — Toute surface ou aire plane peut être décomposée en triangles ; toute surface courbe peut être remplacée approximativement par une suite de faces planes très-petites : Ainsi nous n'avons ici qu'à rechercher le centre de gravité du triangle.

Or, la surface d'un triangle quelconque ABC (Fig. 49) peut être regardée comme engendrée par une droite se mouvant parallèlement à l'un quelconque BC de ses côtés d'une manière continue, et entre les deux autres côtés AB, AC ; l'aire de cette surface peut donc être regardée comme la somme de toutes les aires engendrées dans le passage de BC d'une de ses positions à la suivante, aires dont les centres de gravité respectifs sont au milieu de leurs longueurs : le centre de gravité du triangle se trouve donc sur la ligne qui coupe en deux parties égales toutes les droites parallèles à BC comprises entre AB et AC, c'est-à-dire sur la droite AM menée du sommet A au milieu de cette base. Or, on pourrait en dire autant par rapport aux côtés AC et BC, ainsi le centre de gravité du triangle est au point d'intersection commun G des trois lignes AM, BM' et CM'' : menons maintenant la droite MM' qui coupe CM'' en O, cette droite étant parallèle à la base AB nous aurons

$$GM : GA :: MM' : BA.$$

mais $MM' = \frac{1}{2} BA$ donc

$$GM = \frac{1}{2} GA = \frac{1}{3} AM,$$

donc

Le centre de gravité d'un triangle quelconque est situé sur la droite qui joint l'un quelconque de ses sommets au milieu du côté opposé et au tiers de la longueur de cette droite à partir de ce côté ou aux deux tiers à partir du sommet.

Il est d'ailleurs évident que le centre de gravité d'un parallélogramme est à l'intersection de ses deux diagonales; celui d'un cercle ou d'un polygone régulier à leur centre de figure.

Solides. — Tous les solides polyèdres peuvent se décomposer en pyramides triangulaires, et tous les solides à surfaces courbes peuvent être remplacés approximativement par des polyèdres dont les faces planes soient très-petites, ainsi nous n'avons à considérer ici que la pyramide triangulaire.

En appliquant le raisonnement qui vient de conduire au centre de gravité du triangle on démontrerait de même que le centre de gravité de la pyramide SABC (Fig. 50) est à l'intersection de deux quelconques des trois droites qui joignent chaque sommet avec le centre de gravité de la base opposée: or, SO et AO′ étant ces droites, les droites SO′ et AO passent par le milieu D du même côté BC, et si l'on joint OO′ on aura

$$GO : GS :: OO' : SA :: DO : DA.$$

mais $DO = \frac{1}{3} DA$ donc

$$GO = \frac{1}{3} GS = \frac{1}{4} SO.$$

Ainsi:

Le centre de gravité de toute pyramide triangulaire est situé sur la droite qui joint l'un quelconque de ses sommets avec le centre de gravité de la base opposée et au quart de la longueur de cette ligne, à partir de la base, ou aux trois quarts à partir du sommet.

On verra facilement que le centre de gravité d'une pyramide quelconque est placé de la même manière. Le cône pouvant être regardé comme la limite des pyramides inscrites à ce solide et dont les côtés de la base diminueraient de longueur d'une manière continue, aura son centre de gravité placé comme celles-ci. Celui d'un prisme ou d'un cylindre est au milieu de la droite qui joint les centres de gravité de ses deux bases parallèles. Celui d'une sphère ou d'un polyèdre régulier en leur centre de figure.

DÉTERMINATION MÉCANIQUE DU CENTRE DE GRAVITÉ. — Lorsqu'un corps n'est pas d'une forme semblable à celles dont nous venons de nous occuper ou qui s'y rattache par des rapports géométriques connus on ne peut en déterminer géométriquement le centre de gravité. Il faut alors avoir recours à une méthode toute mécanique qui s'applique à tous les corps possibles.

Si l'on attache un corps quelconque à un fil et qu'on l'abandonne à l'action de la gravité en retenant l'extrémité libre du fil, le corps tombera jusqu'à ce que, le fil étant tendu, sa direction qui sera verticale passe par le centre de gravité du corps, car dans cette position seule l'action qu'on exercera à l'extrémité du fil pourra neutraliser celle de la pesanteur; et ceci aura lieu en quelque point du corps qu'on attache le fil. Si donc on l'attache successivement en deux ou plusieurs points différents et qu'on trace dans l'intérieur du corps ces directions verticales relatives du fil, le point où les directions se croiseront sera le centre de gravité cherché.

Pour les corps très-lourds et de volumes considérables

cette détermination mécanique par suspension serait très-difficile à opérer surtout à cause des dimensions qu'il faudrait donner aux cordages suspenseurs ; dans ces cas on met le corps en équilibre sur une ou successivement sur plusieurs arêtes horizontales aigues ; les plans verticaux menés par ces arêtes passent nécessairement par le centre de gravité.

Ces deux procédés offrent une difficulté commune qui est de prolonger des droites ou des plans dans l'intérieur de corps opaques et durs. Or, la plupart des corps que l'on considère dans les applications sont symétriques par rapport à une ligne ou un plan, c'est-à-dire, qu'en général, il y a pour ces corps des figures ou lieux géométriques sur lesquels on peut dire à priori que se trouve le centre de gravité, et il est facile de déterminer à la simple vue, par l'emploi du fil-aplomb, etc., où ces lieux seraient rencontrés par les lignes ou les plans verticaux précités. Enfin, s'il s'agit d'un corps tout-à-fait quelconque, comme on n'a jamais besoin, dans la pratique, de connaître le centre de gravité lui-même, mais seulement de pouvoir placer, par rapport à ce corps, d'autres corps dont la position ait une certaine relation déterminée avec celle du centre de gravité du premier, il suffit de connaître la direction d'un ou de plusieurs plans qui passeraient par ce point, ce qui sera toujours facile, car le corps étant par exemple suspendu, on placera deux fils-aplomb ap, $a'p'$ (Fig. 51) vis-à-vis le point du corps où l'on a besoin de connaître la direction cherchée, on fera coïncider à l'œil les fils ap, $a'p'$, ef et l'on décrira sur la surface du corps la trace du plan vertical passant par son centre de gravité au moyen d'un pinceau ou d'un style cd qu'on maintiendra constamment contre les fils ap, $a'p'$.

Nous n'entrerons pas dans plus de détails sur la détermination mécanique des centres de gravité, détermination pour laquelle on ne peut donner que des principes et non des procédés généraux, les circonstances particulières à chaque cas devant inspirer ceux qui lui conviennent le mieux : si nous en avons indiqué ici, c'était surtout pour faire voir la possibilité d'appliquer la théorie des forces parallèles à la recherche du centre de gravité d'un corps de forme quelconque.

FORCES TRANSMISES. — 1° *Une force* **F** (Fig. 19) *appliquée perpendiculairement à l'extrémité* **P** *d'un bras de levier* **CP** = $0^m,50$ *dont l'autre extrémité* **C** *est fixe, imprime au point* **P** *une vitesse uniforme de* 3^m *par* 1″, *quel effort transmettra-t-elle et quelle vitesse imprimera-t-elle à un point* **O** *du plan* **CPF** *situé à* $0^m,25$ *du point fixe et lié invariablement à* **CP** ?

L'action de la force **F** transmise en **O** est équivalente à celle d'une force relativement égale à $3 \times \frac{0,50}{0,25}$ ou 6 agissant directement en ce point, et la vitesse qu'elle lui imprime est de $3^m \times \frac{0,25}{0,50}$ ou $1^m,50$ par 1″.

2° *Une force dont le moment par rapport à un point fixe est* 15, *fait décrire à son bras de levier autour de ce point un angle de* 35° *par* 1″ ; *quel angle* A′ *ferait décrire dans le même temps à son bras de levier une autre force dont le moment serait* 7 ?

$$A' : 35^\circ :: 7 : 15, \qquad A' = \frac{7}{15} 35^\circ = 16^\circ\ 18' \text{ environ.}$$

3° *Quelle est la vitesse que la première force transmet à un point de son plan situé à* $3^m,00$ *du pivot fixe.*

Le chemin décrit par ce point appartiendra à une

circonférence de $3^m,00$ de rayon dont la longueur totale est de $2 \times 3,1415 \times 3^m = 18^m,849$ pour 360°, donc l'arc de 35° a pour longueur $18^m,8490 \frac{35}{360} = 1^m,825$ ainsi la vitesse cherchée est de $1^m,825$ par 1''. Ce résultat eût été obtenu également en faisant le produit Ar dans lequel $r = 3^m,00$, mais on voit qu'il eût fallu prendre pour A la longueur en mètre de l'arc de 35° dans la circonférence dont le rayon est de $1^m,00$, comme il a été remarqué dans la théorie générale.

4° *Deux forces dont les intensités respectives sont entre elles dans le rapport de 3 à 2 agissent perpendiculairement aux extrémités de deux bras de levier dont les longueurs respectives sont 0,70 et $1^m,00$ dont l'autre extrémité leur est commune et fixe, dans des plans de rotation perpendiculaires entre eux; quelle est l'énergie relative du mouvement résultant qu'elles produisent, son plan, sa force* R *et son bras de levier* x ?

Le moment de la première force est 2,10 celui de la seconde est 2, ainsi les plans des momens étant rectangulaires, l'énergie relative du mouvement résultant est

$$Rx = \sqrt{(2,10)^2 + 2^2} = 0,96 \times 2,10 + 0,4 \times 2 {}^* = 2,816;$$

la force

$$R = \sqrt{\left(2 \frac{1^m,00}{0^m,70}\right)^2 + 3^2} = 0,96 \times 3 + 0,4 \times 2,86 = 4,024;$$

le bras de levier

$$x = \frac{2,816}{4,024} = 0^m,705.$$

* Note de la page 129.

Le plan du mouvement résultant se trouvera par la construction géométique indiquée page 106 ou par les coefficiens de projection, comme on l'a fait pour la composition des forces directes.

5° *Quelle est la vitesse transmise par une force* F *à un point* N *de l'espace situé à une distance* NP $= 2^m{,}50$ *d'un pivot fixe* P, *la ligne* NP *faisant un angle de* 29° 40′ *avec le plan* PAF *et la force* F *faisant décrire à son bras de levier* AP$=1^m{,}20$ *un angle de* 16° *par* 1″?

Cet vitesse est de

$$2\varpi \frac{16}{360} \times \frac{2^m{,}50 \times 0{,}86892}{1^m{,}20} = 0^m{,}501 \text{ par } 1'' \text{ environ.}$$

Equilibre et mouvement uniforme. — Nous donnerons pour application du principe de l'équilibre des forces l'étude des propriétés de certains systèmes géométriques qu'on suppose servir à transmettre l'action des forces et à transformer leurs effets mécaniques, et qu'on appelle ordinairement *machines simples* ou *élémentaires* parce qu'elles représentent dans leurs figures les dispositions des élémens les plus simples des machines réellement employées dans les arts. Mais cette théorie faisant abstraction de toutes les circonstances physiques du contact et du mouvement des corps, on ne peut la regarder que comme un guide ou une forme générale de la marche à suivre dans l'étude des machines véritables qui correspondent à celles-ci*.

* Nous négligerons, dans tout ce qui suivra, les cas où les forces considérées se feraient équilibre d'elles-mêmes, car alors on pourrait faire abstraction de la machine dont la présence n'apporterait aucune nouvelle condition.

DES MACHINES ÉLÉMENTAIRES

QUI PEUVENT TRANSMETTRE LE MOUVEMENT UNIFORME.

1° Plan incliné. — *Quelles sont les conditions nécessaires et suffisantes pour qu'un corps géométrique pesant se meuve uniformément en ligne droite, ou soit en équilibre sur une surface plane géométrique faisant un angle donné avec l'horizon*, ce corps étant sollicité par un système quelconque de forces?*

Tous les points du mobile devant avoir un mouvement rectiligne les conditions de l'uniformité sont ici celles de l'équilibre direct des forces.

Or, lorsqu'un corps est posé sur un plan et sollicité par des forces quelconques, celles-ci se décomposent respectivement en deux, l'une perpendiculaire ou *normale* au plan, l'autre parallèle à celui-ci.

Les composantes normales peuvent être dirigées de deux manières, ou en tirant du corps au plan, ou inversement ; les premières *pressent* le corps contre le plan, et comme elles ne peuvent tendre qu'à le faire pénétrer à travers ce plan, leur effet est entièrement neutralisé par la résistance de celui-ci qu'on suppose inébranlable, nous les désignerons sous le nom de *pression;* les secondes tendent à enlever le corps et à le séparer du plan, tendance qui ne peut être neutralisée que par la première.

* L'angle d'un plan incliné est celui de la droite que suit le mobile le long de ce plan; si sur un plan quelconque un mobile suivait une autre droite, on pourrait la regarder comme appartenant à un autre plan incliné, dont elle serait un des côtés de l'angle à l'horizon.

Enfin les forces parallèles au plan ne peuvent être neutralisées que par leurs actions réciproques.

On voit donc déjà que la résistance de ce plan ne peut tenir en équilibre que des forces normales et dirigées du corps à lui, en un mot *des pressions*; donc, 1° toutes les forces du système doivent se réduire à des pressions. Toutes ces pressions étant parallèles, auront une seule résultante qui sera celle du système.

La résistance du plan ne pouvant naître et s'exercer qu'aux points où il est pressé par le corps, ne pourra neutraliser que les pressions qui passeront par ces points; il faut donc, 2° que la pression résultante du système puisse se décomposer en pressions partielles passant par les points d'appui du corps sur le plan, condition qui ne pourra être satisfaite qu'autant que la résultante passera dans l'intérieur du polygone ou de la figure quelconque formée par la réunion des points d'appui, et sera toujours satisfaite dans ce cas. Ainsi, en résumant, les conditions générales cherchées sont que :

Toutes les forces qui sollicitent le corps aient une résultante unique passant dans l'intérieur de la surface d'appui, normale au plan et dirigée du corps à lui.

Application. — Soit **F** (Fig. 52) la résultante des puissances; supposons que la seule résistance à vaincre soit le poids **P** du corps représenté par la ligne **GP**; cette résistance étant constante de direction et de grandeur, la valeur de la pression résultante et celle de la force **F** varieront pour un même corps et sur un même plan avec l'angle **FOS** de cette force à l'horizon; si l'on mène par le point **P** différentes lignes **P***n*, **P***n'*, **P***n''*, etc., **PT**, **PL** parallèles aux directions variables de **F**, et qu'on termine ces lignes aux points où elles coupent la normale **O***n* au plan incliné, on voit que la plus petite valeur de la puissance a lieu quand elle est parallèle à ce plan, ce qui est par conséquent la direction la plus favorable à son effet, comme on devait le prévoir. Soit POT le triangle de la composition dans ce cas; ce triangle est rectangle et l'on a pour valeur de la pression, $N = \sqrt{P^2 + F^2}$. Quant à celle de F, elle est égale à la composante p de P parallèle à BA, composante qu'on nomme quelquefois *le poids du corps le long du plan incliné;* ainsi $\frac{1}{K}$ étant le coefficient de projection relatif à l'angle $Pop = 90° - A$, on a

$$F = P\frac{1}{K}, \quad \text{et par suite} \quad N = P\sqrt{1 + \left(\frac{1}{K}\right)^2};$$

de plus, AB étant l'intersection du plan incliné par le plan vertical FOP, si l'on prend sur AB un point B quelconque, qu'on appelle AB la *longueur* du plan incliné et la verticale BC sa *hauteur*, on voit que

$$F : P :: AB : BC,$$

c'est-à-dire que *la puissance est au poids du corps dans le rapport de la longueur du plan à sa hauteur*, rapport qui est constant pour un même plan incliné. Si, à partir de cette position, la puissance F s'approche de la verticale, la valeur de cette force augmente de plus en plus, tandis que celle de la pression diminue; enfin cette pression est nulle quand la puissance est appliquée verticalement, mais alors il faut que l'intensité de cette force soit égale au poids du corps. Si, au contraire, la force F s'incline à l'horizon, sa valeur augmente ainsi que celle de la pression; lorsqu'elle est horizontale, elle est égale et parallèle à **PL**, le triangle **OPL** est encore rectangle et semblable à **BAC** de sorte qu'on a

$$N = \sqrt{P^2 + F^2} = P\sqrt{1 + \left(\frac{1}{K'}\right)^2} \quad \text{et} \quad F : P :: BC : AC,$$

c'est-à-dire que : *la puissance est à la résistance dans le rapport de la longueur du plan incliné à sa hauteur.*

Enfin si **F** s'incline sous l'horizon, on voit que sa valeur et celle de **N** augmentent indéfiniment, de telle sorte que, lorsqu'elle sera perpendiculaire au plan, ces deux forces seront infiniment grandes, ainsi il faudrait développer un effort infini, en tirant normalement de haut en bas, pour retenir un corps sur un plan incliné. C'est le résultat qui s'éloigne le plus de la réalité pratique.

Exemple. — *Quelle est la force qui doit être appliquée à un corps pesant 16 kilogrammes, pour faire équilibre à ce poids sur un plan incliné à 45°, en agissant parallèlement à ce plan? Quelle est la pression supportée par le plan?*

$$90^\circ - 45^\circ = 45^\circ, \quad \frac{1}{K} = 0{,}70711, \quad F = 16^{k} \times 0{,}70711$$

$$= 11^{kil},31, \quad N = 16\sqrt{1 + (0{,}7071)^2} = 19^{kil},88 \text{ *}.$$

2° **Levier**, *balances, tour, manivelles, poulies.* — Ces différentes machines élémentaires ne sont que des applications immédiates de la théorie des forces transmises ou des mouvemens circulaires, les deux premières autour

* On voit ici les forces exprimées en unités de poids, ce qui devait être, puisqu'il s'agit de faire équilibre à un poids. Cette manière d'exprimer les forces est la plus généralement employée dans les applications de la mécanique, parce qu'elle s'applique à tous les cas et qu'elle donne immédiatement une idée exacte de leur intensité en la comparant à des efforts connus par expérience.

d'un point, les autres autour d'un axe fixe; ainsi les conditions générales de l'équilibre ou du mouvement uniforme de ces machines et des corps auxquels elles transmettent les efforts qui leur sont appliqués sont: 1° que le moment résultant de toutes les puissances soit égal à celui des résistances, par rapport au point où à l'axe fixe; 2° que dans le premier cas les bras de levier et les forces de ces momens soient dans un même plan; que dans le second cas les forces et leurs bras de levier soient situés dans des plans parallèles et que leurs composantes parallèles à l'axe soient égales et contraires.

Quant aux pressions supportées par les pivots de rotation ou les appuis, pour les déterminer on décomposera chaque force du système, soit puissance, soit résistance, en autant de composantes parallèles qu'il y aura d'appuis et passant par ceux-ci, puis on estimera en chacun des appuis la résultante de toutes les forces qui s'y trouveront ainsi transportées, cette résultante sera la pression cherchée.

Nous donnerons des applications numériques de ces règles en indiquant quelques particularités importantes de chaque machine.

1° *Levier*. Le levier est une machine à l'aide de laquelle on peut faire équilibre à une force par une force moindre. Il y a diverses manières de disposer un levier; 1° on peut l'assujettir à un axe fixe et alors il rentre dans le cas du tour et leurs propriétés sont communes; 2° on peut le pénétrer d'une sphère fixe et alors il doit être considéré comme tournant autour du centre de cette sphère; 3° enfin on peut l'appuyer simplement contre une arête ou même une surface très-étroite d'un corps fixe, et c'est le cas le plus ordinaire de la pratique.

Quant à l'appui ou aux points fixes ils peuvent occuper différentes places relativement aux forces : 1° s'ils sont entre la puissance et la résistance le levier est dit de *première espèce ;* alors la puissance a d'autant plus d'avantage que le rapport de son bras de levier à celui de la résistance est plus grand ; 2° si la résistance est entre eux et la puissance le levier est de la *deuxième espèce,* alors la puissance a toujours de l'avantage ; 3° si la puissance est entre eux et la résistance le levier est de *troisième espèce* et la puissance a toujours du désavantage. Enfin, le levier peut avoir une forme quelconque, mais dans tous les cas et pour toutes les dispositions possibles de cette machine il est évident que l'équilibre aura lieu si *la résultante de toutes les forces appliquées au levier passe par son appui fixe ;* et qu'il ne pourra avoir lieu que de cette seule manière ; de plus si le levier est simplement posé sur une arête ou une surface fixe il faudra que *cette résultante soit dirigée normalement au levier et à cet appui* et dirigée du levier à lui ; car s'il n'en était pas ainsi, il glisserait soit dans le sens de sa longueur, soit dans un autre sens, le long de l'arête ou de la surface.

Quand la longueur du bras de levier d'une des forces varie avec la position du levier, comme il arrive lorsqu'on soulève un poids dont la position est constante sur ce levier, le mouvement uniforme ne peut être réalisé que par l'action d'une puissance dont l'intensité ou le bras de levier varie proportionnellement comme ferait un contre-poids.

Enfin, lorsque le point d'application d'une des forces est variable, comme il arrive lorsqu'un corps à soulever est simplement posé sur le levier, il faut en combiner les conditions d'équilibre avec celles d'autres machines, c'est le cas des machines composées dont nous parlerons plus loin.

Application. — 1° *Quelle est l'intensité* F *de la force qu'il faut appliquer à une distance* CB = L (Fig. 53) *de l'appui d'un levier* AB *sous un angle* BHE *de* a *degrés à l'horizon, pour maintenir en équilibre un corps d'un poids* P *fixé à une distance* AC = l *de cet appui, qui est une arête horizontale; le levier étant incliné de* i *degrés à l'horizon, son propre poids étant* p, *et son centre de gravité* G *placé à une distance* l' *de l'appui? Quelle est la pression* N *supportée par cet appui?*

Remarquons d'abord que la force p appliquée en G, produit le même effet qu'une force parallèle et de sens inverse appliquée en A, et d'une intensité $= p\frac{CE}{CD} = p\frac{l'}{l}$;
ainsi le poids P est réellement réduit à $\left(P - p\frac{l'}{l}\right) = P'$. La force F doit être dans le plan vertical PAB et doit donner, par sa composition avec P' une résultante normale à AB en C; si donc l'on mène en ce point la perpendiculaire CO qui rencontre AP prolongée en O, il faudra, pour que l'équilibre soit possible, que la ligne BT, menée par le point B sous un angle a avec l'horizontale DH, passe aussi par le point O. Cela étant, si l'on prend sur PAO, OQ = P', et qu'on construise le parallélogramme OQNF, la ligne OF représentera l'intensité relative de la force F, et ON celle de la pression sur l'appui. Or, si l'on mène par le point C la perpendiculaire CT à BF prolongée, on doit avoir

$$P' \times CD = F \times CT \quad \text{ou} \quad F = P'\frac{CD}{CT};$$

mais $CD = l \cos i$*, $CT = L \cos CTB = L \cos (90° - CBT)$,

* Nous employons la seconde expression du coefficient de projection parce qu'elle est plus commode ici.

l'angle **CBT** extérieur au triangle **CBH** est égal à $a+i$, donc

$$CT = L\cos[90^\circ - (a+i)] \text{ et } F = \left(P - p\frac{l'}{l}\right)\frac{l}{L}\cdot\frac{\cos i}{\cos[90-(a+i)]}.$$

Quant à la pression, $N = F\cos NOF + P'\cos QON$; et en menant par le point O l'horizontale OS, on voit que $NOF = 90^\circ - (a + COD)$, $COD = DCA = i$, $NOF = 90^\circ - (a+i)$, donc

$$N = \left(P - p\frac{l'}{l}\right)\left(\frac{l}{L} + 1\right)\cos i\,^*.$$

Balances. La balance est un levier de première espèce; le but de cette machine étant d'obtenir immédiatement et sans calcul le poids d'un corps, on en fait ordinairement les bras égaux, on en place le centre de gravité au point d'appui ou de suspension, et ces conditions étant

* Ces formules pourront servir à déterminer deux quelconques des quantités qui y entrent quand on connaîtra les autres. Elles expriment le cas le plus général de l'équilibre du levier simple et répondront à tous les autres en y donnant des valeurs convenables à ces quantités. Ainsi, s'il s'agit de maintenir le levier horizontalement par une force verticale $i=0$, $\cos i=1$, $a=90^\circ$, $\cos[90^\circ-(a+i)]=1$,

$$F = \left(P - p\frac{l'}{l}\right)\frac{l}{L} = \frac{1}{L}(Pl - pl'),$$

$$N = \left(P - p\frac{l'}{l}\right)\left(\frac{l}{L} + 1\right) = \left(P - p\frac{l'}{l}\right) + F.$$

Si le centre de gravité est sur l'appui

$$l' = 0, \quad F = P\frac{l}{L}, \quad N = P + F.$$

remplies on dit que la balance est *juste*, parce qu'alors le poids connu qui placé dans un des bassins fait équilibre au corps placé dans l'autre est rigoureusement égal à celui de ce corps. Il faut donc savoir vérifier si une balance est juste, l'ajuster quand elle ne l'est pas, et même se servir d'une balance fausse; ce que nous dirons à ce sujet peut s'appliquer sans modification dans la pratique.

1° Le centre de gravité est au point d'appui lorsque, les bassins étant vides, le fléau reste horizontal: dans le cas contraire on attache d'un côté un poids suffisant pour que l'équilibre soit établi; 2° le centre de gravité étant ramené au point d'appui, pour reconnaître si les bras de levier sont égaux on pesera un corps quelconque, puis on mettra les poids dans le bassin où était ce corps et réciproquement; après ce nouvel arrangement, la balance devra encore être en équilibre; si elle ne l'est pas ce sera le bras de levier situé du côté où elle penchera qui sera trop long; l'opération de diminuer un bras de la longueur convenable étant difficile et entraînant des changemens dans la balance il sera préférable de s'en servir dans cet état*. Pour cela on observera que dans la première pesée M (Fig. 55) étant le poids du corps et P celui qui lui faisait équilibre, on avait $M \times AC =$

* Soit d la quantité dont il faudrait diminuer l'un des bras CB, on remarquera que $M(\frac{1}{2}AB - d) = P(\frac{1}{2}AB + d)$ ou $(M - P)\frac{1}{2}AB = (M + P)d$ donc $d = \frac{1}{2}AB\frac{M-P}{M+P}$; mais $M = \sqrt{PP'}$ donc

$$d = \frac{1}{2}AB\frac{\sqrt{PP'} - P}{\sqrt{PP'} + P} = \frac{1}{2}AB\,\frac{1 - \sqrt{\frac{P}{P'}}}{1 + \sqrt{\frac{P}{P'}}}.$$

Le bras CB étant diminué de cette quantité, le centre de gravité de la balance ne se trouvera plus en C et il faudra l'y ramener.

$P \times BC$; le corps M étant transporté dans l'autre bassin si on lui fait équilibre par un poids P' on aura

$$P' \times AC = M \times BC,$$

donc

$$\frac{M}{P'} = \frac{P}{M} \quad \text{ou} \quad M = \sqrt{PP'},$$

ainsi le poids véritable du corps est égal à la moyenne géométrique entre les poids qui lui font équilibre dans l'un et l'autre des bassins de la balance.

Balance romaine. La romaine (Fig. 56) diffère de la balance ordinaire en ce que les bras en sont inégaux, que le poids est constant et son bras de levier variable. L'avantage principal de cet appareil est qu'un seul poids suffit : ses inconvéniens, qu'il exige plus d'adresse et de soin dans son emploi et qu'il faut charger l'instrument du même poids aussi bien pour les plus faibles pesées que pour les plus grandes. En résumé, il est préférable à la balance ordinaire pour des pesées réglées et de moyenne force qui ne varient pas entre des limites très-étendues.

On peut au lieu du bras de levier du poids faire varier celui du corps qu'on pèse et disposer la romaine de différentes manières. Dans tous les cas, l'opération la plus importante est de la graduer de telle façon qu'on puisse y lire immédiatement le poids d'un corps ; à cet effet l'instrument étant construit (de manière par exemple que la position du poids soit variable), on place d'abord le poids p au point où il maintient le levier horizontal, la balance étant vide ; à ce point on marque 0, puis mettant dans le bassin, ou suspendant en A successivement 1, 2, 3, etc., unités de poids, on leur fait équilibre et on numérote 1, 2, 3, etc., les points où il a fallu arrêter le poids p; enfin on subdivise chacune des divisions obtenues en autant de parties égales que l'on veut apprécier de fractions de cette unité avec la balance.

Tour. Le *tour* est un cylindre fixé dans une position donnée au moyen de deux autres cylindres concentriques ou *tourillons* de diamètre plus petit, faisant corps avec le premier et s'engageant dans des *encastremens* ou *crapaudines* qui leur servent d'appui. Tangentiellement à ce cylindre, et ordinairement dans des directions perpendiculaires à l'axe sont appliquées des résistances auxquelles il faut faire équilibre au moyen de puissances appliquées aussi suivant des directions perpendiculaires à cet axe, mais tangentiellement à des cylindres ou *roues* concentriques aux premiers et de diamètres différens, ou même à des leviers ou *croisillons* d'une certaine longueur; dans ce dernier cas l'axe de la machine est ordinairement vertical et on l'appelle *cabestan* (Fig. 58); lorsque cet axe est horizontal, le tour prend le nom particulier de *treuil* (Fig. 57). Dans le mouvement de l'un et de l'autre, tous les points restant à une distance constante de l'axe doivent être regardés comme tournant autour de cet axe; de plus, comme on peut ici faire abstraction de la matière du corps et ne considérer que les lignes qui joignent les points d'application des forces, lignes qui sont les rayons du cylindre et de la roue, on voit que *le tour est un système de leviers coudés qui s'appuient par un même axe* : ainsi la condition générale de l'équilibre des forces sur cette machine est que : *la puissance soit avec la résistance dans le rapport du rayon du cylindre à celui de la roue.* D'où il résulte qu'il faut donner au cylindre le plus petit rayon et à la roue le plus grand que les circonstances particulières le permettent.

Remarque. Quand les forces sont transmises au tour par des cordes, il faut comprendre dans les rayons précités les demi-épaisseurs de ces cordes.

Pressions sur les appuis. Soit G le centre de gravité de la machine, p son poids, $AA' = L$ son axe horizontal, $GA = l$, $GA' = L - l$, $OA = m$. $OA' = m'$, $O'A = n$, $O'A' = n'$; supposons menés par les points A et A′ des plans perpendiculaires à l'axe, et décomposons chaque force du système en deux autres concordantes situées respectivement dans ces plans; le premier contiendra les composantes $F\frac{L-l}{L}$, $r\frac{L-n}{L}$, $p\frac{L-m}{L}$ dont la résultante

$$P = F\frac{L-l}{L}\cdot\frac{1}{K} + r\frac{L-n}{L}\frac{1}{K'} + p\frac{L-n}{L}\cdot\frac{1}{K''}$$

sera la pression supportée par l'encastrement A suivant l'arête du tourillon A qui rencontre la direction de P; de même la pression en A′ sera

$$P' = F\frac{l}{L}\frac{1}{K} + r\frac{n}{L}\frac{1}{K'} + p\frac{m}{L}\frac{1}{K''}.$$

Dans le cas du cabestan l'encastrement inférieur A supporterait à la fois suivant la base ab une pression p et suivant une arête verticale du tourillon correspondant une pression $F\frac{L-l}{L}\frac{1}{K} + r\frac{L-n}{L}\frac{1}{K'}$, et l'encastrement supérieur serait pressé seulement suivant une arête verticale par une force $F\frac{l}{L} + r\frac{n}{L}$.

Manivelles. Les manivelles ont des tours dans lesquels

la puissance F est appliquée à une poignée CD (Fig. 59) parallèle à l'axe AA'. Elles diffèrent des tours ordinaires en ce que la direction de cette force peut faire un angle quelconque (pourvu qu'il ne soit pas nul) avec le rayon A'C du cercle décrit par son point d'application, et que cet angle varie même souvent d'une manière continue pendant la durée d'une révolution; mais dans ce cas le mouvement de la manivelle ne peut être uniforme à moins que l'intensité de la puissance ne varie en même temps, de telle sorte que sa composante perpendiculaire à A'C soit constante.

Poulie. La poulie (Fig. 60) est un treuil à un seul cylindre; son axe AA' est supporté par un appareil qu'on nomme *chappe* et sa surface cylindrique est creusée suivant une surface concave *abcd* concentrique à la première, qu'on nomme *gorge* et qui sert à retenir la corde au moyen de laquelle sont appliquées la puissance F et la résistance *r*. Les bras de levier AD et AC de ces forces étant égaux, on voit que la condition d'équilibre est que *la puissance soit égale à la résistance.* La pression P supportée par la chappe est la résultante $F\frac{1}{K} + r\frac{1}{K'} + p\frac{1}{K''}$ de ces forces, transportées parallèlement en A, et du poids p de la poulie.

Combinaison des élémens des machines. — En résumant ce qui précède on voit que les machines élémentaires que nous avons examinées ne sont que des modifications, ou du plan incliné qui transmet le mouvement en ligne droite, ou du levier qui sert à le transmettre circulairement. Quelque compliquée que soit une machine dont le mouvement est uniforme on n'y trouvera point d'autres élémens que ceux-ci, puisque cette sorte de mouvement ne peut être que rectiligne ou circulaire. Ainsi les lois de l'équilibre des forces appliquées à ces machines pourront toujours se déduire de celles qui sont relatives à ces deux élémens uniques. Pour en effectuer la combinaison on exprimera séparément par des relations générales les conditions d'équilibre relatives à chaque partie élémentaire de la machine, puis, en considérant ces diverses parties dans l'ordre où elles se succèdent à partir de celle où est appliquée la puissance, on tirera de la relation qui convient à la première la valeur de la force qu'elle transmet à la seconde, pour la substituer dans la relation d'équilibre de celle-ci, et ainsi de suite jusqu'à la dernière dont la relation d'équilibre donnera en définitive le rapport entre la force motrice appliquée à la machine et celle que cette machine transmet en son dernier élément, ou met à la disposition du genre de travail auquel elle est particulièrement destinée. Relation qui pourra encore faire connaître certaines conditions et certains rapports de formes nécessaires pour que l'équilibre de la machine soit possible.

Applications. — Nous allons fixer ces idées générales par quelques exemples.

1° Soient deux corps M, M′ (Fig. 61) de poids P et P′, attachés à un même cordon MnM′ qui passe sur une poulie A dont l'axe est fixé sur le prolongement de la hauteur commune AD de deux plans inégalement inclinés AB, AC sur lesquels sont posés ces corps ; soient F, F′ les forces que transmettent les deux parties Mn M′n du cordon que nous supposerons respectivement parallèles à AB et AC : la condition d'équilibre des forces pour le corps M est que : $F : P :: AD : AB$, pour le corps M′ que $F' : P' :: AD : AC$, et enfin pour la poulie $F=F'$. Or, de la première on tire $F=\frac{P \cdot AD}{AB}$ de la deuxième

$F' = P' \frac{AD}{AC}$ donc il faut d'abord, pour que l'équilibre des forces du système soit possible, que $P : P' :: AB : AC$, et cette condition étant satisfaite les premières formules donneront la valeur de la force transmise.

2° *Engrenages.* — Lorsqu'on veut transmettre une force d'un point à un autre plus ou moins éloigné par une série de mouvemens de rotation en modifiant dans un rapport donné la vitesse du mouvement primitif, on se sert de roues (Fig. 62) montées sur des axes, soit parallèles, soit angulaires entre eux, et dont la circonférence est armée de dents qui s'emboîtent ou *s'engrènent* mutuellement d'une roue à l'autre et se communiquent ainsi le mouvement : or, les dents sont tellement disposées que les roues marchent comme si certains cercles **OC**, **O'C** qu'on nomme *cercles primitifs* roulaient l'un sur l'autre en restant toujours tangens suivant le même point **C**. Il est évident d'après cela qu'il passe toujours par le point **C** dans le même temps des arcs égaux des deux circonférences primitives, donc si **A** est l'angle décrit par le rayon $OC = R$ de l'une, en 1″ (par exemple) et A' l'angle décrit par le rayon $O'C = r$ de l'autre dans le même temps on aura $AR = A'r$ donc $A : A' :: r : R$; c'est-à-dire que *les vitesses angulaires sont entre elles dans le rapport inverse des rayons des roues.* Le mouvement peut s'imprimer à la première roue d'un engrenage par plusieurs moyens, et il est toujours facile d'estimer quelle est la force **F** transmise à la circonférence primitive de cette roue. Quand deux roues d'engrenage sont inégales la plus petite se nomme *pignon :* lorsque l'on veut transmettre la force et le mouvement par plusieurs roues on place sur l'axe qui supporte le pignon une autre roue de diamètre plus grand, laquelle s'engrène avec un autre pignon qui est comme le premier accompagné d'une roue, etc., et ainsi de suite jusqu'au point qu'on veut atteindre. Supposons qu'il y ait ainsi n roues de rayons R, R', R'', R''', et n pignons de rayons r, r', r'', etc., soient F, F', F'', etc., les efforts transmis aux circonférences des roues, F_n la force transmise par la dernière, on aura successivement : $Fr=F'R'$, $F'r'=F''R''$ $F''r''=F'''R'''$ etc., en multipliant la première égalité par la seconde on a $F\cdot rr'=F''\cdot R'R''$, puis ce produit par la troisième $Frr'r''=F'''\cdot R'R''R'''$; en continuant ainsi on arriverait en définitive à la relation $F\cdot rr'r''r'''$ etc. $=$ $F_n\cdot R'R''R'''R''''$ etc., ou bien $F_n : F :: rr'r''$ etc. $: R'R''R'''$, etc. Il est d'ailleurs évident, d'après le principe qui précède, que si l'on avait considéré, au lieu des forces transmises, les vitesses angulaires A, A', A'', etc. de ces roues, on serait arrivé à une proportion inverse, ainsi :

Dans un système d'engrenages dont le mouvement est uniforme : *l'effort transmis à la circonférence de la dernière roue est à celui qui est exercé ou transmis à celle du premier pignon dans le rapport du produit des rayons des pignons au produit des rayons des roues. Les vitesses transmises sont dans le rapport inverse.*

Enfin on observera que quand l'effort F est ainsi appliqué au premier pignon la vitesse transmise est augmentée et la force diminuée, tandis que si l'on applique la puissance à la roue qui porte ce pignon, et que ce pignon engrène au contraire avec la roue suivante, on augmente la force et on diminue la vitesse.

3° *Moufles.* On appelle moufle un système de poulies parallèles (Fig. 63) supportées par une même chappe et tournant autour du même axe ou d'axes particuliers. On emploie toujours deux moufles embrassés par la même corde, l'un fixe qui reçoit l'action de la puissance F l'autre mobile qui reçoit celle de la résistance, laquelle est ordinairement un poids P qu'il s'agit d'élever. Les poulies sont disposées de telle sorte que tous les cordons ou parties de la corde soient à très-peu près parallèles entre eux et à la direction de la résistance; il en résulte que l'effort de celle-ci se partage également entre tous les cordons et que chacun d'eux ne transmet qu'une force égale à $\frac{P}{n}$ si n en est le nombre; ainsi en considérant la poulie à laquelle est appliquée la puissance on voit que pour l'équilibre des forces il faut et il suffit que $F = \frac{P}{n}$ ou $F : P :: 1 : n$, c'est-à-dire que, *la puissance est à la résistance comme l'unité est au nombre des cordons qui supportent le moufle mobile.*

Quant à la vitesse avec laquelle se meut le point d'application de la résistance, elle est avec celle de la puissance dans le rapport inverse de ces forces.

4° *Chèvre.* La chèvre est un instrument qui sert à élever des fardeaux très-lourds en combinant l'usage d'un système de poulies ou de deux moufles a, a' (Fig. 65), suspendus à sa *tête*, avec celui d'un treuil T mu par l'action de forces appliquées à des leviers bL qui s'y engagent dans des mortaises. On voit d'après cela combien cette machine est avantageuse à la puissance, puisque celle-ci y est multipliée par le rapport $\frac{l}{r}$ de son bras de levier l au rayon r du treuil, tandis que la résistance est divisée par le nombre n des cordons verticaux qui embrassent les poulies et qu'on nomme brins. Soit P cette résistance ou le poids du fardeau qu'on veut élever, et $F' = \frac{P}{n}$ la portion de cette résistance qui agit sur chaque brin, il faudra, pour l'équilibre de la dernière poulie a de la tête, que la force transmise par la puissance suivant le cordon ab, soit aussi F'. D'un autre côté, si F est la somme des efforts appliqués perpendiculairement aux leviers à la distance l de l'axe du treuil, on devra avoir

$$Fl = F'r = \frac{P}{n} \cdot r, \text{ d'où } F = P\frac{r}{nl};$$

Ainsi, pour l'équilibre des forces appliquées à une chèvre, *la puissance est à la résistance dans le rapport du rayon du treuil au produit de la longueur des bras de leviers par le nombre des brins dont la chèvre est équipée.*

Quant à la vitesse d'ascension du fardeau, elle sera au contraire avec celle du point d'application de la puissance dans le rapport inverse du précédent.

EXEMPLE. — *Quel effort faut-il exercer perpendiculairement aux leviers d'une chèvre ordinaire d'artillerie équipée à quatre brins pour élever, d'un mouvement uniforme, une pièce de canon de 16?*

La pièce de 16 pèse environ 2000^{kil}, et l'on a, d'après les proportions d'usage $r = 0^m,1045$ (en tenant compte du rayon des cordes) $l = 1^m,50$ et comme $n = 4$

$$F = 2000^k \frac{0,1045}{4 \times 1,50} = 34^k,833.$$

Ce nombre n'exprime que l'effort théorique; l'effort réel moyen est de $66^k,262$, ainsi les résistances passives de cette machine absorbent ou font perdre dans ce cas $31^k,429$ ou près de la moitié de l'effort développé.

Vis. Soient ABCD (Fig. 61) un cylindre droit quelconque et le rectangle BCB'C' le développement de sa surface convexe sur un plan: divisons la hauteur ou le côté CB du cylindre en un nombre quelconque de parties égales aux points H, I, K, L ; menons par ces points des parallèles HH′, II′, KK′ etc., à la base du rectangle et les diagonales BH′ HI′ IK′ etc., puis replions ce rectangle sur le cylindre de telle sorte que la droite BB′ devienne la circonférence AMB ; les diagonales précitées se succéderont sans interruption sur la surface cylindrique et y traceront une courbe continue qu'on nomme *hélice*. Tous les élémens de cette courbe seront également inclinés sur les génératrices du cylindre et si celles-ci sont verticales la courbe fera partout le même angle A avec l'horizontale ; un point *m* où serait concentré un poids *p* serait donc sur l'un quelconque de ses élémens comme sur un plan incliné de A degrés à l'horizon ou comme sur l'élément *m′* de la diagonale correspondante IK′ et les forces qui le solliciteraient devraient satisfaire aux conditions d'équilibre relatives au plan incliné. Cela posé, supposons la puissance F′ appliquée horizontalement en *m*, et remarquons que la hauteur du plan incliné est ici $K'I' = KI = h$ ou la distance entre deux tours consécutifs de l'hélice, distance qu'on nomme son *pas*, et que la base du plan est $II' = BB'$ ou la circonférence $2\pi R$ de la base du cylindre ; on devra avoir, pour l'équilibre $F : p :: h : 2\pi R$ et si, au lieu d'appliquer immédiatement la puissance F en *m* on applique une autre force *f* en *n* à une distance quelconque *l* de l'axe sur le rayon *mo* ou son prolongement, il faudra, pour que le point *m* soit en équilibre ou se meuve uniformément comme sous l'action de la force F que $f : F :: R : l$ car le point mobile, en passant d'un élément de la courbe au suivant, tourne en même temps autour de l'axe *aa′* du cylindre. La combinaison de ces deux relations donne $f : p :: h : 2\pi l$. Si l'on suppose maintenant qu'un rectangle, un triangle ou une figure quelconque convenablement proportionnée soit placée verticalement, l'un de ses côtés s'appuyant sur une arête ou génératrice du cylindre et un point déterminé quelconque de ce côté sur l'hélice et que ce rectangle tourne parallèlement à lui-même autour de l'axe aa' en restant dans les mêmes conditions, il engendrera un solide contourné en hélice et qu'on nommera *filet de la vis*, l'ensemble du cylindre et du filet étant une *vis*. Cela fait, on pourra poser sur ce filet non plus seulement un point comme sur l'hélice, mais un corps; et comme chacun des points de la base d'appui de ce corps reposera sur une hélice de même pas que la première, on pourra lui appliquer les considérations et les résultats précédens. Le corps posé sur le filet de la vis est ordinairement un *écrou :* on appelle ainsi un solide creusé intérieurement d'un sillon en hélice exactement égal et semblable à ce filet. De sorte que la vis étant dans son écrou, et celui-ci étant fixe, elle peut réciproquement être regardée comme un corps posé sur une surface en hélice de même pas : d'où il suit que, quelle que soit l'une de ces deux pièces qui soit fixe on peut appliquer à chaque point de celle qui est mobile les conditions d'équilibre précédemment déterminées; c'est-à-dire que p, p', p'', p''', etc., étant les composantes verticales qui s'opposent au mouvement de la pièce mobile, supposées réparties sur tous les points de sa base d'appui, et f, f', f'', f''', etc., étant les composantes horizontales qui tendent à le produire, réparties de la même manière, on aura pour chacun de ces points : $f : p :: h : 2\pi l$, $f' : p' :: h : 2\pi l$, $f'' : p'' :: h : 2\pi l$ etc. d'où $f + f' + f'' + \text{etc.} = F : p + p' + p'' = P :: h : 2\pi l$ relation qui exprime que, pour l'équilibre des forces appliquées à la vis ou à son écrou, il faut que : *la puissance qui tend à produire le mouvement de la pièce mobile, soit à la résistance qui s'y oppose comme le pas de la vis est à la circonférence que tend à décrire le point d'application de la puissance.*

Ces diverses applications du principe de l'équilibre des forces et de la combinaison des machines sont loin d'être les seules intéressantes ; mais, dans la nécessité de nous borner, nous avons choisi les cas les plus fréquens et les plus simples. D'ailleurs, leur étude suffit pour mettre à même de traiter tous les autres, et l'on peut déjà en conclure quelques observations générales qui s'appliquent à toutes les machines dont le mouvement est uniforme.

Nous n'avons pas donné, jusqu'à présent, la définition générale des machines, parce que tout le monde en a l'idée et que cette définition eût pu ne pas être comprise à priori : mais nous pouvons dire maintenant qu'on entend en général par *machine tout corps ou système de corps destiné à transmettre l'action des forces en modifiant leurs effets suivant des relations déterminées.*

Cette modification peut porter sur leur intensité, sur leur direction, sur la nature du mouvement qu'elles font naître, ou enfin sur ces trois choses à la fois. Ces changemens dans les effets ou les actions des forces ne peuvent s'opérer sans que l'une ou plusieurs d'entre elles, ou même quelquefois toutes, ne se décomposent en deux parties dont l'une s'exerçant contre des obstacles qui la neutralisent est entièrement perdue, et l'autre dirigée dans le sens du mouvement produit est la seule utilisée pour l'effet réalisé par la machine : ajoutons encore que les forces perdues produisent des pressions, lesquelles font naître des résistances passives comme le frottement, la raideur, etc. etc. qui s'ajoutent aux résistances utiles que la machine est destinée à vaincre. Cependant on a vu, dans les exemples précédens, que certaines dispositions permettent de faire équilibre à une résistance donnée par une puissance beaucoup moins grande, ce qui tient à ce que les résistances seules perdent de leur intensité par leur application à la machine ; mais ici il faut se rappeler que le travail d'une force se compose de deux élémens nécessaires, et qu'il est le produit du chemin réellement parcouru par son point d'application et de son intensité estimée suivant la direction de ce mouvement. Or, nous avons vu que quand une machine augmente la vitesse résultante, elle diminue la force dans le même rapport et réciproquement, donc : *théoriquement une machine ne peut augmenter le travail mécanique d'une force*, et comme, dans les cas les plus favorables, le contact de deux corps matériels fait toujours naître des résistances intérieures, passives et nuisibles qui obligent à employer en pure perte, à leur faire équilibre, une partie de l'action des forces actives, on voit que *réellement les machines diminuent toujours le travail des forces dans le sens de l'effet utile.*

Ainsi le véritable but et le seul avantage de l'emploi des machines, est de réaliser par la transmission des forces des effets qu'on n'eût pu obtenir de leur application immédiate, et de modifier arbitrairement la nature de ces effets, mais aux dépens de leur intensité : résultat conforme à ce que nous apprennent la religion et toutes les sciences sur les bornes de la puissance de l'homme, à qui il a été accordé de transformer ou de neutraliser toute chose terrestre suivant sa volonté ou ses forces, mais qui ne peut rien créer ni détruire.

ERRATA.

Pag.	Lig	
57	4	en vertu d'une — *lisez* en vertu de l'action d'une.
57	9	et que — *ajoutez* dans les hypothèses fondamentales où nous sommes placés.
66	24	en appelant — *lisez* en l'appelant.
66	27	$R_1 = R\frac{M}{p_1}$ — *lisez* $R_1 = \frac{M}{p_1}$.
67	4	et de la résultante — *lisez* et de la position relative de la résultante.
75	23	composans — *ajoutez* par rapport au même point.

TABLE DES MATIÈRES.

DEUXIÈME PARTIE.

DU MOUVEMENT UNIFORME ET DES QUANTITÉS D'ACTION.

APPLICATIONS ET EXEMPLES.

RECHERCHE DES CENTRES DE GRAVITÉ.

DES MACHINES ÉLÉMENTAIRES.

COMBINAISON DES ÉLÉMENS DES MACHINES.

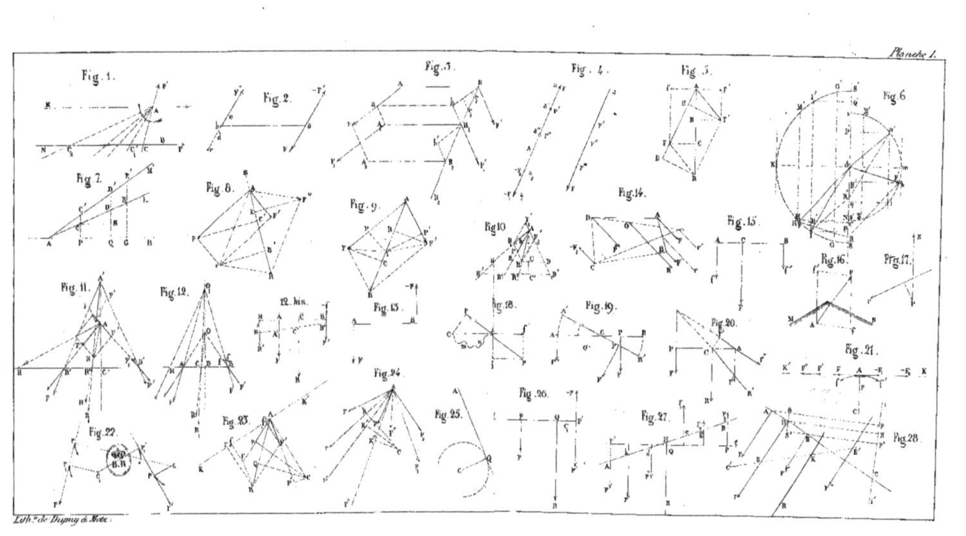
Planche I.
Fig. 1.
Fig. 2.
Fig. 3.
Fig. 4.
Fig. 5.
Fig. 6.
Fig. 7.
Fig. 8.
Fig. 9.
Fig. 10
Fig. 11.
Fig. 12.
12. bis.
Fig. 13.
Fig. 14.
Fig. 15.
Fig. 16.
Fig. 17.
Fig. 18.
Fig. 19.
Fig. 20.
Fig. 21.
Fig. 22.
Fig. 23.
Fig. 24.
Fig. 25.
Fig. 26.
Fig. 27.
Fig. 28.
Lith. de Dupuy à Metz.

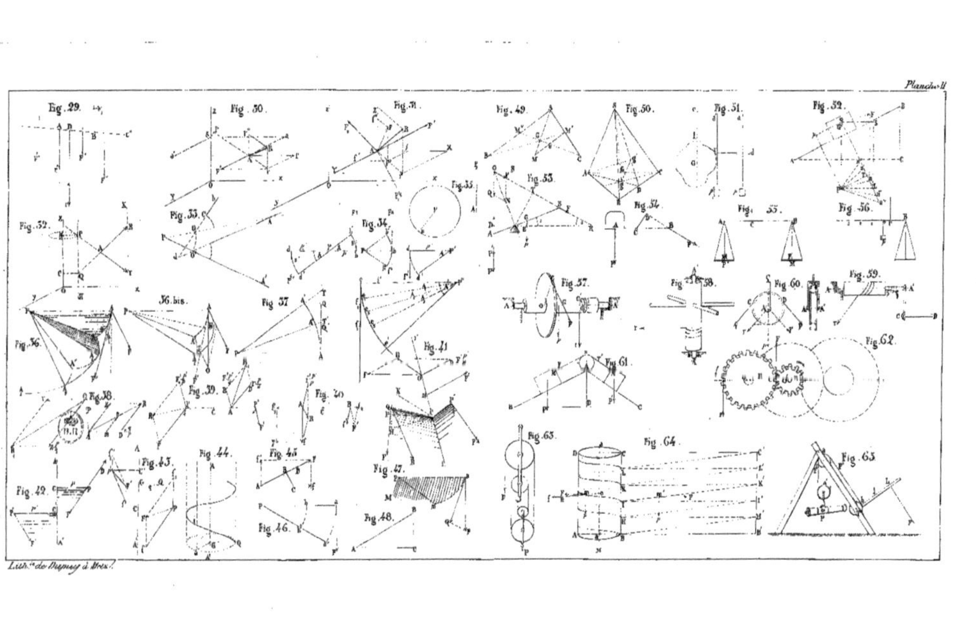

Planche II

Lith. de Dupuy à Metz.

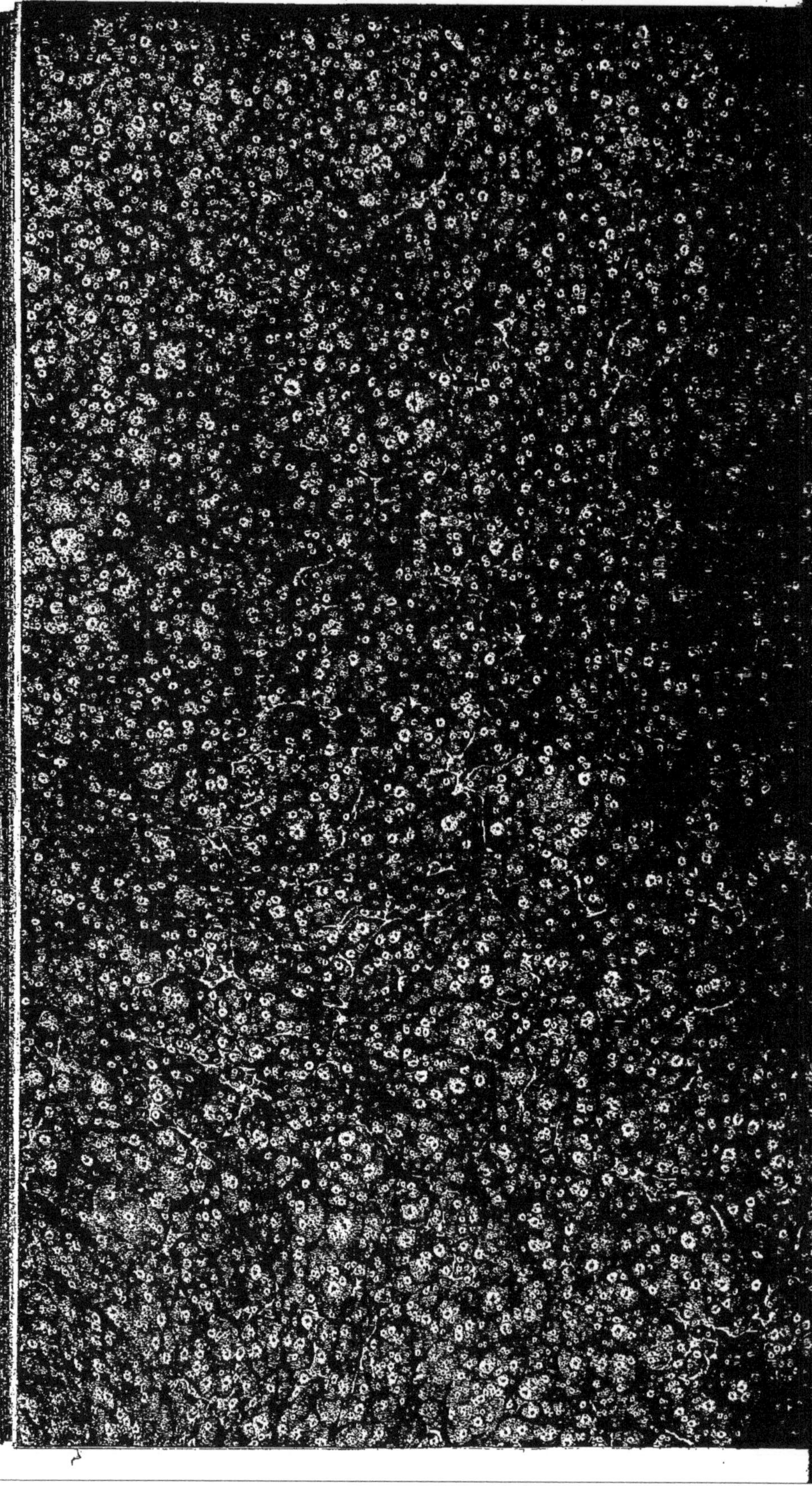

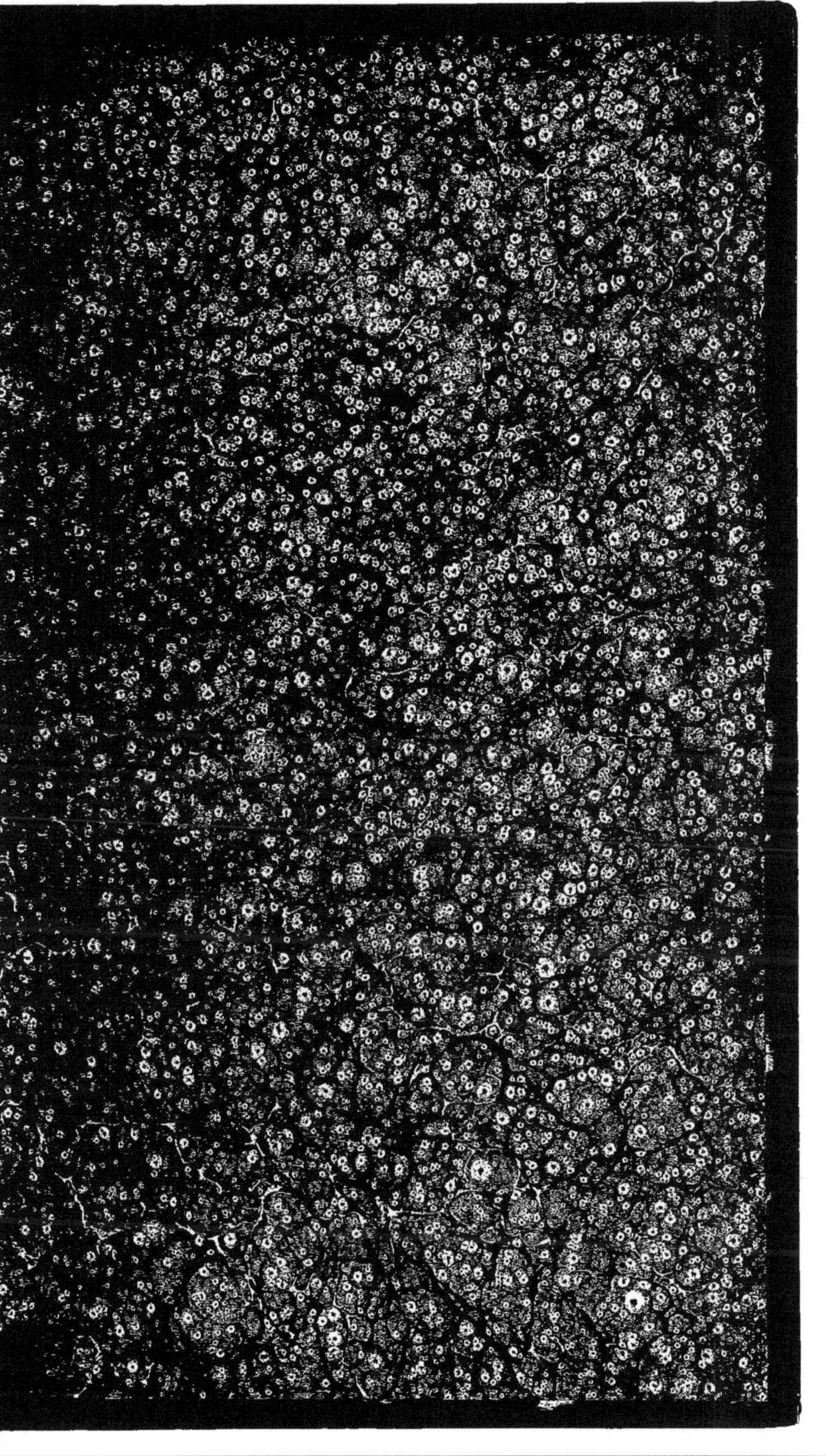

www.ingramcontent.com/pod-product-compliance
Ingram Content Group UK Ltd.
Pitfield, Milton Keynes, MK11 3LW, UK
UKHW020118240726
13926UKWH00011B/1786